U0323366

恐龙 | 失落王国之旅

UN JOUR: AVEC LES DINOSAURES

[法] 克莉丝汀·阿尔戈　[法] 吕克·维韦斯　著
[法] 埃里克·桑德尔　摄影　　　　朱天乐　译

CHRISTINE ARGOT　LUC VIVÈS
PHOTOGRAPHIES ERIC SANDER

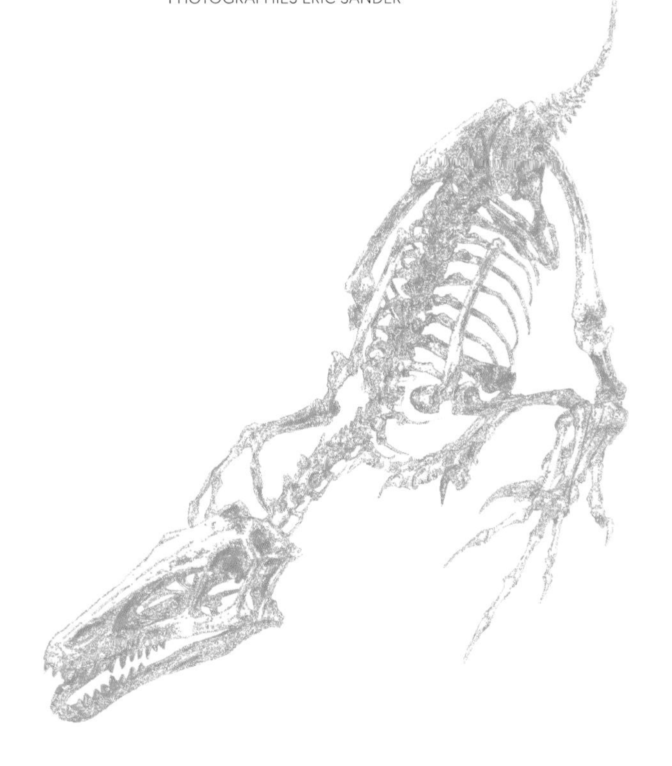

華中科技大學出版社
http://www.hustp.com
中国·武汉

有书至美
BOOK & BEAUTY

目 录

引言

游历法国国家自然博物馆古生物学馆

菲利普·塔凯

法国国家自然博物馆（Muséum National d'Histoire Naturelle，后文以MNHN代称）的古生物学与比较解剖学馆（以下简称古生物学馆）成立于1898年7月21日，至今已有120多年历史。时任法国公共教育部长的里昂·布儒瓦（Léon Bourgeois）主持了落成典礼，自然博物馆馆长米勒·爱德华兹（Milne Edwards）带领全馆职员迎接并致感谢词。当时的法国科学杂志《自然》（*La Nature*）称赞米勒的致辞“措辞得体、结论恰当”，并评论道：“巴黎所有科学界的重要人物均到场祝贺。古生物学馆的负责人是阿尔伯特·高德里（Albert Gaudry，1827—1908），他同时也是古生物学馆的设计者。在古生物学家马塞林·布列（Marcellin Boule，1861—1942）的积极协助之下，阿尔伯特将古生物学馆建成了一个真正的宝库……馆中藏品丰富珍贵，必将令世人瞩目。”（法国《自然》，1898年7月25日。）

美国“钢铁大王”安德鲁·卡内基（Andrew Carnegie）向法国国家自然博物馆赠送了一具梁龙（*Diplodocus*）骨骼化石的复制品，这具骨骼安装于古生物学馆，并在1908年6月15日举行了正式的接收仪式。当时的法兰西共和国总统阿尔芒·法利埃尔（Armand Fallières，1841—1931）亲临现场并主持仪式。现场挤满了人，整个科学界人士也悉数到场，大家都很期待总统先生的演说。然而，尽管大家都知道阿尔芒总统不擅长公开演讲，并未报以太大期望，但是他的致辞还是超出了人们的想象：总统先生被这个体长超过20米的四足庞然大物深深震撼了！他好不容易挤出几个字：“好长的尾巴！好长的尾巴！”（Quelle queue! Quelle

第2—3页图 卡氏南方巨兽龙（*Giganotosaurus carolinii*），数码插画，阿兰·博纳多（Alain Bénéteau），2007年。

queue!)。这让现场的科学家们大失所望，却成了坊间的笑料，并立即被好事者写成了歌谣进行传唱，歌里调侃阿尔芒总统读不准“狄普洛多卡”（梁龙拉丁文属名）的发音，只能结结巴巴地重复着“狄普洛考伊……狄普洛卡卡斯……”。

第二天，法国《政治和文学辩论日报》（*Journal des débats politiques et littéraires*）的专栏记者亨利·比杜（Henri Bidou）发表了一篇以题为《梁龙的演讲》的文章，风格新颖独特，以那具侏罗纪梁龙的口吻，向现场官员们说了这样一段话：“我站在这里，面前是一些渺小的智人。看看你们自己吧，毛发稀疏、齿牙松动、肌肉摇晃……所以有那么一天，你们也会灭绝，然后被陈列在这自然的万神殿里。”

古生物学馆称得上是建筑杰作，其巨大的钢铁弧顶与下方陈列的脊椎动物胸腔骨骼化石的形状彼此呼应、相得益彰。100多年后的今天，当人们身处其中，看到迎面“走来”的这一群来自地底深处的史前巨兽，还是会被深深震撼和吸引。无数人流连惊叹、驻足沉思，寻找着他们对于失落王国无数问题的答案。

我有幸在法国国家自然博物馆工作了50余年，与许多科学家一起做古生物学恐龙研究，一起发掘、搜集化石和重建恐龙骨骼。[《恐龙印象》（*Empreinte des dinosaures*），菲利普·塔凯（*Philippe Taquet*）著，凯文·帕迪恩（Kevin Padian）1998年译为英文。] 从1964年至今的这几十年来，我一直行走在寻找恐龙的道路上：从尼日尔的泰内雷沙漠

到巴西的荒野腹地，从老挝的茂密丛林到蒙古国的蛮荒草原，还有摩洛哥的深山和普罗旺斯的丘陵，等等。野外的科考发掘结果常常令古生物学家们惊叹，但是这些科学工作的目的在于向大众展示研究结论，传播科学知识，这也是古生物学馆设立的初衷。科学家们很乐意为来到这里的参观者解答问题，他们的问题不仅数量很多，而且质量也不低，有一些问题很有深度，给科学家们留下了深刻的印象。

恐龙化石是法国国家自然博物馆古生物学馆中无可比拟的大明星，因此这本作品的文字和图片都围绕着恐龙这个主题。馆中陈列的这些恐龙不仅是中生代最独特、最壮观的生物，也是带领我们了解那一段地球生命历史的使者。凝视着它们，我们的思绪可以穿越时空。

开始这段神奇的时空穿梭之旅吧！

菲利普·塔凯
法国国家自然博物馆名誉教授
法兰西学院院士

对页图 经过整修之后的古生物学馆正门，巴黎，MNHN。

MUSEUM·D'HISTOIRE·NATURELLE

“四周传来沙沙的声响，‘巨蜥’抬起头，用可怖的眼神，缓缓扫视。它在水面游走，时而后退，时而前进，长尾在水下猛烈抽击，身体不断翻腾、抖动，掀起层层巨浪。所有的黑暗力量，都臣服在它的左右，如死一般的沉寂。清澈平静的水面上，是它伸出的长颈，一瞬间，它狂怒爆发，冲天而起，张开毒蛇般的大口，向着天空发出呲呲的低吼。”

《化石》[①]，法国诗人、剧作家路易·布依雷（Louis Bouilhet），1854年。

对页图 古斯塔夫·多雷（Gustave Doré，1832—1883）为英国诗人约翰·弥尔顿（John Milton，1608—1674）的长诗《失乐园》（*Paradise Lost*）1866年再版版本所绘制的插图。从这张经典的图片中可以看出，当时人们想象中的史前巨兽外形受“恐怖的大蜥蜴”这一描述的影响颇深（恐龙的英文名dinosaur意为“恐怖的大蜥蜴”）。

---

① 法文题名*Les Fossiles*。

走进失落的世界

借着庆祝法国国家自然博物馆建馆100周年的契机，古生物学与比较解剖学馆于1893年开始建设，1898年完工，恰好迎接将在巴黎举办的1900年世界博览会。这对科学家们来说也是个好机会，可以将著名的法国地质学家和动物学家乔治·居维叶（Georges Cuvier，1769—1832）等人的藏品以及矿物学与地质学馆、博物馆的多个实验室和库房中的各种珍品好好整理一下，集中并陈列于钢筋构架的建筑杰作古生物学馆中。古生物学馆建成的意义主要有三点：进一步宣传展示达尔文的进化论、解决众多化石的储藏问题和开启20世纪的一场新的艺术之旅。

古生物学馆是了解科学和艺术的好去处，也是专注学习和研究的机构，更是美学灵感的来源。馆中藏品的门类和数量都极其丰富，令无数人为之痴迷。在科学的帮助下，这些化石穿越时空，向人们诉说远古的年代，而那些灭绝动物的复原模型，都已成为珍贵的艺术品。法国国家自然博物馆甚至已成为一些新型艺术潮流的中心，如现代动物艺术和史前艺术等。

法国地质学家、古生物学家阿尔伯特·高德里于1872年被任命为古生物学部主任，并负责相关的化石收集工作。他为建立古生物学馆，将这些最为壮观的化石展现给世人做出了卓越的贡献。在居维叶收藏馆外面的院子里有一间临时储藏室，从1885年起，大量标本就被堆放在这里，这些标本在1898年被搬进新落成的古生物学馆。在古生物学馆的大厅中，化石标本宏大的呈现方式充分表达了高德里对于持续性演化的解读，他希望通过类似电影叙事的方式依次展现生物从起源到第四纪的各个阶段，并借此向大众

对页图 古生物学馆内部露台建筑支撑结构的细节，其装饰风格就是著名的“新艺术运动”风格。巴黎，MNHN。

第12—13页图 站在古生物学馆的露台上方，可以看到一支骨骼化石大军似乎正迎面走来。

CERVUS MEGACEROS

阐明达尔文提出的“有变化的传衍”的进化论。可惜的是，高德里于1908年去世，他只看到禽龙模型的安装，而大厅中主要的恐龙化石群组是在梁龙化石模型陈列完毕之后才逐步完善的，他因此无缘亲历。之后又过了很多年，异特龙（*Allosaurus*）和食肉牛龙（*Carnotaurus*）的骨骼化石重建模型才相继安装并向外界展示。

用化石开启神秘之门

1830年，英国地质学家亨利·德·拉·贝什（Henry De la Beche，1796—1855）绘制了一幅题为《远古时代，史前的多赛特郡》①的水彩画，这是历史上第一幅以远古时代环境为主题的绘画。这幅画中描绘了几种史前动物的猎捕场景。在19世纪中叶以前，关于远古生物的设想和复原图从未被收入科学书籍当中，因为其中的猜测成分实在太多。居维叶本人也曾努力想要复原一些史前动物的形象，并绘制了一些简单线图，但他从未在其中添加过任何形式的背景环境。

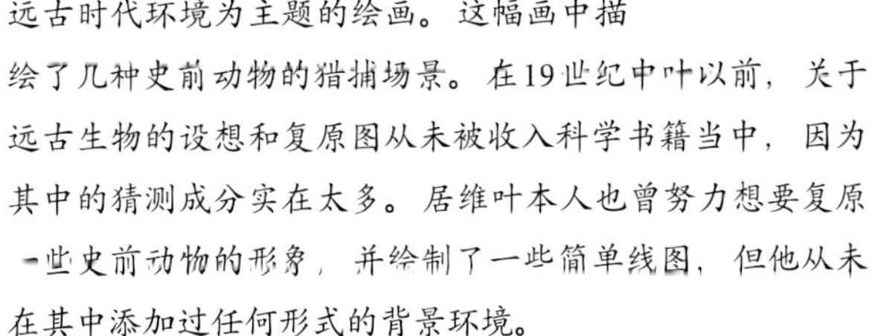

第一件恐龙的全比例复原模型产生于英国，是由雕塑家本杰明·瓦特豪斯·霍金斯（Benjamin Waterhouse Hawkins，1807—1894）在古生物学家理查德·欧文（Richard Owen，1804—1892）的指导下完成的。在19世纪60年代的法国，插画家爱德华·里乌（Edouard Riou，1833—1900）和畅销科幻小说作者路易·菲吉耶（Louis Figuier，1819—1894）合作出版了几本质量颇高的科幻小说，其中的插画影响甚广。

到了19世纪末和20世纪初，画家、雕塑家查尔斯·R.奈特（Charles R. Knight，1874—1953）和古生物学家亨利·F.奥斯本（Henry F. Osborn，1857—1935）的合作让以重现史前世界（尤其是恐龙）为主要内容的学术著作进入了大众的视野。在20世纪后期，人们对于恐龙习性的“理想化观点”又有了新的发展，根据这些研究，恐龙还具有群居生活和后代抚育等习性。

对页图 位于古生物学馆入口处的阿尔伯特·高德里的半身塑像，作者是法国雕塑家埃尔奈斯·巴里亚斯（Ernest Barrias，1841—1905）。

上图 约翰·嘉吉·布拉夫（John Cargill Brough，1834—1872）著作《科学童话：年轻人的小溪》（*The Fairy Tales of Science: A Book for Youth*）中的插图，1859年出版。插图作者查尔斯·H.贝内特（Charles H. Bennett，1828—1867）。

第16—17页图 根据亨利·德·拉·贝什的水彩画《远古时代，史前的多赛特郡》所绘制的版画，现存于英国牛津大学自然博物馆。

① 原名为*Duria Antiquior, a More Ancient Dorset*。

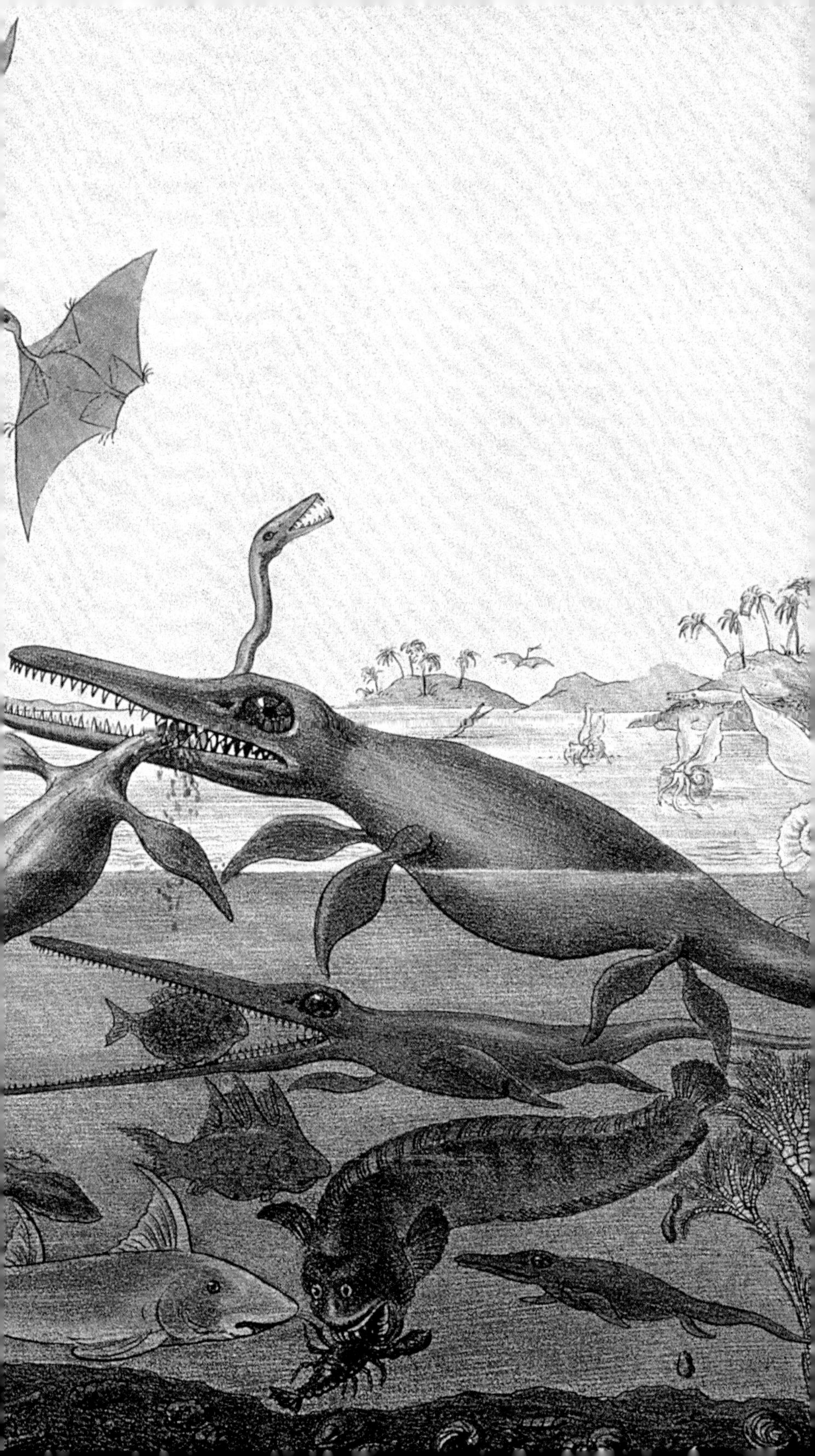

本页图和对页图 古生物学馆礼堂中的部分细节。这些壁画完成于1897年，出自法国杰出画家费尔南德·柯罗蒙（Fernand Cormon，1845—1924）之手，壁画中描绘了当时人们想象中的远古人类形象。有两幅壁画表达的是第四纪期间的一些动物，人类就诞生于这个时期。其中一幅壁画猛犸象就是依据古生物学馆中陈列的迪尔福尔猛犸象（*Durfort mammoth*）骨骼化石绘制的。

第20—21页图 古斯塔夫·多雷为泽维尔·赛恩坦（Xavier Boniface Saintine，1798—1865）的小说《莱茵河神话》（*La Mythologie du Rhin*）所绘的版画。

H.

"……这是类似蜥蜴的爬行动物中很独特的一类，或者说一个亚目，我建议将其命名为恐龙类。其中我们已知的几个最主要的成员有斑龙（*Megalosaurus*）、林龙（*Hylaeosaurus*）和禽龙（*Iguanodon*）。"

理查德·欧文，《在英国科学促进协会第11次会议上的报告》[1]，1842年。

对页图 古生物学馆中的高德里图书馆的一角。巴黎，MNHN。

① 报告英文题名为Report of the Eleventh Meeting of the British Association for the Advancement of Science。

Paleontologia i Evolució
Paleontologia i Evolució
Paleontologia i Evolució
Paleontologia i Evolució
Paleontologia i Evolució
Paleontologia i Evolució
Ciências da Terra 4
Ciências da Terra 11
Ciências da Terra 12

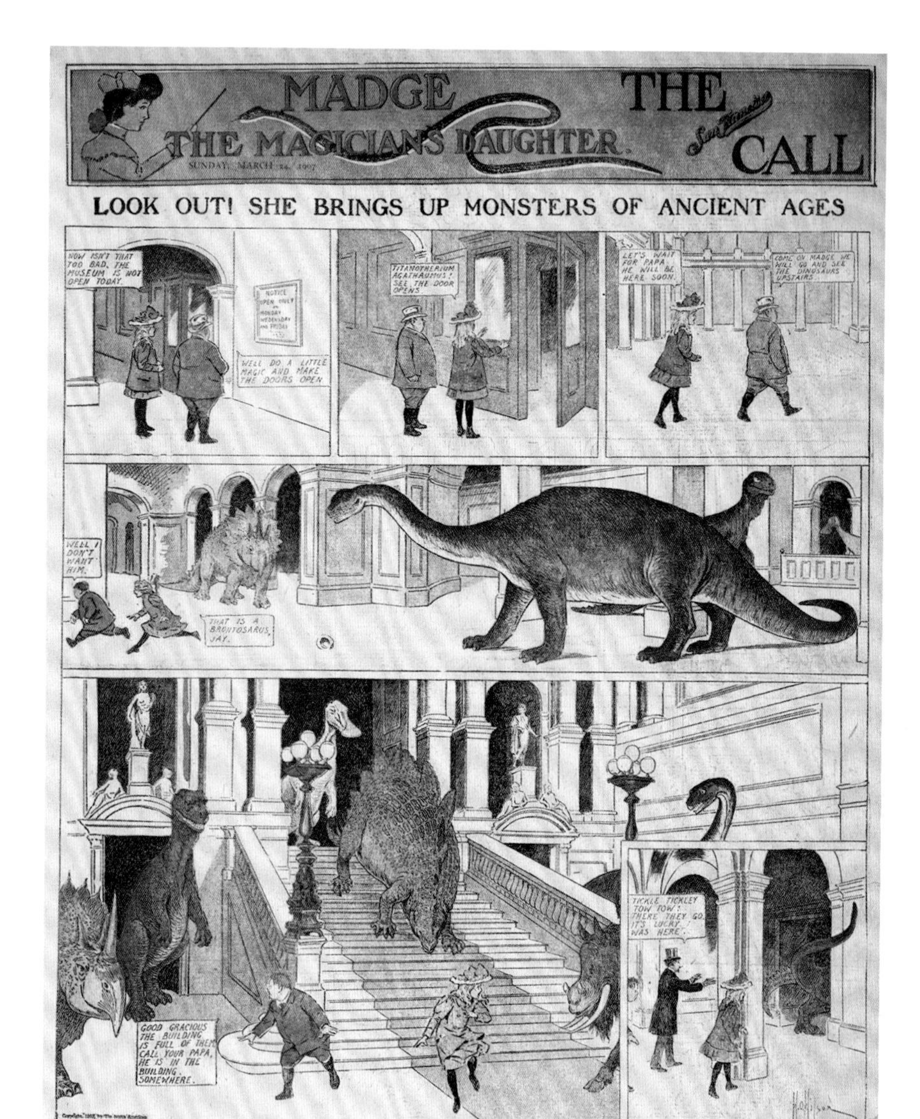

上图 W.O.威尔逊（W. O. Wilson）所著漫画《魔术师的女儿玛吉》(*Madge, the Magician's Daughter*)，发表于1907年3月。自梁龙骨骼化石模型在博物馆展出的当年开始，美国的各种漫画就纷纷开始以恐龙为主题。

对页图 1903年印刷出版的讽刺漫画杂志《笨拙》(*Punch*）中的一幅漫画。作者将原始人和恐龙放到了一起，现在我们知道从年代上讲这是不可能的。

第26—27页图 伦敦自然博物馆内部，强烈的哥特风格映衬下的梁龙骨骼化石。数码照片，马修·皮尔斯伯里（Matthew Pillsbury，1973—），2013年发表于《城市舞台》（*City Stages*）杂志。

对页图 存放化石的八角形玻璃展示柜，其中有在法国诺曼底地区发现的第一块兽脚亚目恐龙脊椎化石。巴黎，MNHN。

这些骨骼化石复原图是艺术家和古生物学家共同努力的成果，它们能够帮助人们更直观地了解这些史前生物生存的外部环境，恐龙的社会习性、身体形态以及骨骼上附着的肌肉量的多少等。虽然以现在的标准来看，这些插图中所表达出来的认识和解读多有谬误，但是从艺术性来讲，随着时间的推移，它们的历史和文化价值已经得到了证明。当然，也有很多复原图非常严谨，它们小心翼翼，避免做画蛇添足的事情（比如过分追求羽毛和皮肤的艺术细节处理）。

100多年来，古生物学馆向公众展现了一幅全面、宏大的恐龙复原场景，不仅帮助人们理解古生物学的发展历程，而且让人们更直观地看到这些复原模型背后的科学理论的发展和完善过程。这些复原模型中的科学终究会成为历史，但是其中的艺术和美却会永远流传。

在19世纪，人们对于失落的史前世界再次产生了很大的兴趣，古代神话中虚构的那些神秘历险故事有了新的传承，不过理性批评的声音还是常常占据上风。如同希腊神话里阿尔戈号上的那些船员一样，新故事里的主人公们也都肩负着探究秘密或是寻求启示的神秘使命，他们踏上死亡之旅，去到世界的中心，探寻世界的缘起。

近年来，大众文化中史前动物复活的主题比较流行，比如讲述博物馆中标本复活的电影《博物馆奇妙夜》（2006）和《阿黛拉的非凡冒险》（2010），当然还有各种借助古老DNA复活史前动物的幻想。阿瑟·柯南·道尔（Arthur Conan Doyle，1859—1930）在他的名著《失落的世界》（*The Lost World*）中将一片与世隔绝的高原丛林描绘成了充满杀机的史前动物博物馆。此书问世之后，法国国家自然博物馆中的这些动物标本们似乎也都被施了魔法，变得有了生机，原本门庭冷落的各个展区纷纷变成了失落的大陆、国度、小岛，甚至是极地，参观者络绎不绝。在这里，恐龙与来自第四纪的哺乳动物们站在一起，向人们无声地讲述着奇妙的失落王国的故事。

“……（理查德·欧文）并没有把恐龙描绘成史前时代那种原始的、从解剖学角度看行动迟缓、呆滞的低等动物，而是认为它们非常机警、强壮，各方面机能都很完善，是那个令人心生敬畏的独特世界中冷酷无情的猎杀机器。”

《马拉喀什的谎言之石》[1]，史蒂芬·杰伊·古尔德（Stephen Jay Gould）著。

对页图 理查德·欧文和一具迪诺尼斯恐鸟（*Dinornis maximus*）骨骼的合影照片，摄于1879年，约翰·范伍尔斯特（John Van Voorst，1804—1898）。

① 英文书名*The Lying Stones of Marrakech*，2000年出版。

充满争议的背板

对页图 卡米耶·弗拉马利翁（Camille Flammarion，1842—1925）的小说《人类被创造之前的世界》[1]中的插图，1886年出版。插图作者A.雅各布（A.Jacob）。当时的画家们对于禽龙和双足行走且背上有“尖刺”的剑龙的准确形象并不清楚。图中的这只恐龙在该书的插图目录中被列为禽龙，但是其躯干部分在该书其他章节出现时又被归入剑龙，而且当时制作的纸浆模型中也将其称为剑龙。

第34—35页图 为法国圣弗兰动物园（已于1999年关闭）建造的剑龙复原模型，现陈列于古生物学馆入口处。巴黎，MNHN。

对于如何准确重现剑龙（*Stegosaurus*）的恐怖模样，当时的人们可谓是绞尽脑汁，提出了各种各样的假设，有的细致谨慎，也有的荒诞不经。对于剑龙背部三角形背板的实际排列形状和作用众说纷纭，比如在本章的各幅图片中大部分是将背板以对称或是交错平行的方式直列于背部顶端，也有个别图片中是呈完全水平方式生长在背部顶端两侧。这些排列的背板就像是形形色色的“盖板”，要知道，剑龙属名*Stegosaurus*的意思其实就是“背上有盖板的爬行动物”（roofed reptile）。

在古生物学馆门前有一个按照实物比例复原的剑龙雕塑，周围长满了蕨类、木贼类植物和南洋杉等，这些都是与剑龙同时代的植物。成年剑龙长达7米，重约2吨，尖尖的喙部周围覆盖着一层被称为嘴鞘的角质，其尾部还有一组尖刺，数量为4到10根。在20世纪90年代的一篇四格漫画中，美国古生物学家肯尼斯·卡朋特（Kenneth Carpenter，1949— ）将剑龙尾部的这一组尖刺命名为尾锤（thagomizer）。

剑龙生活在晚侏罗世期间，目前大部分的剑龙化石都发掘于北美的莫里逊组地层。古生物学馆入口前的剑龙复原模型只是一道开胃小菜，在馆中有一场恐龙化石的盛宴正等着你，里面有包括梁龙、异特龙在内的各种明星恐龙。它们当中有一些是与上述的剑龙化石在同一个地点发掘出来的，属于同时代的动物。

① 法文书名*Le Monde avant la création de l'homme*。

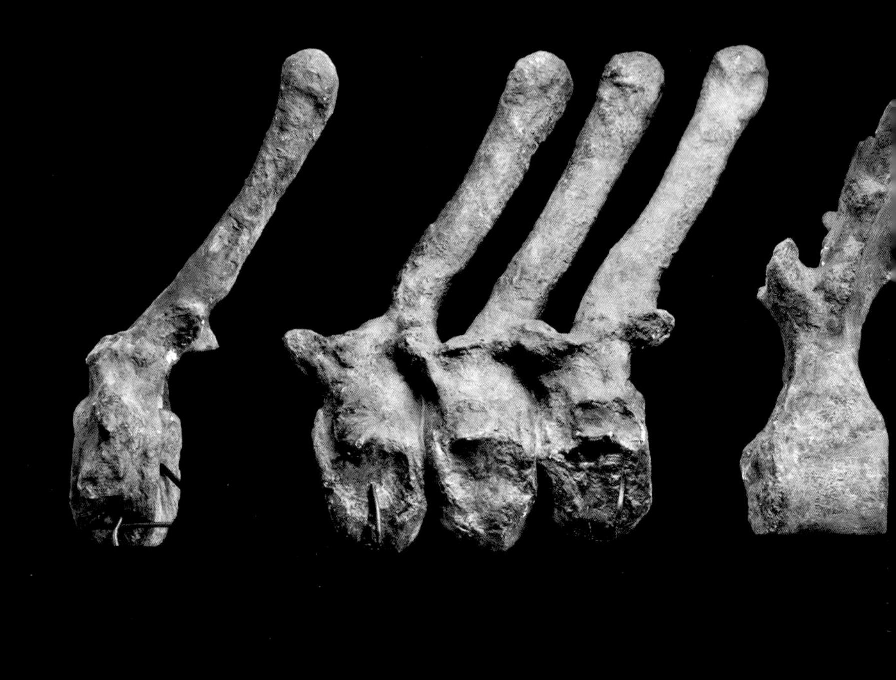

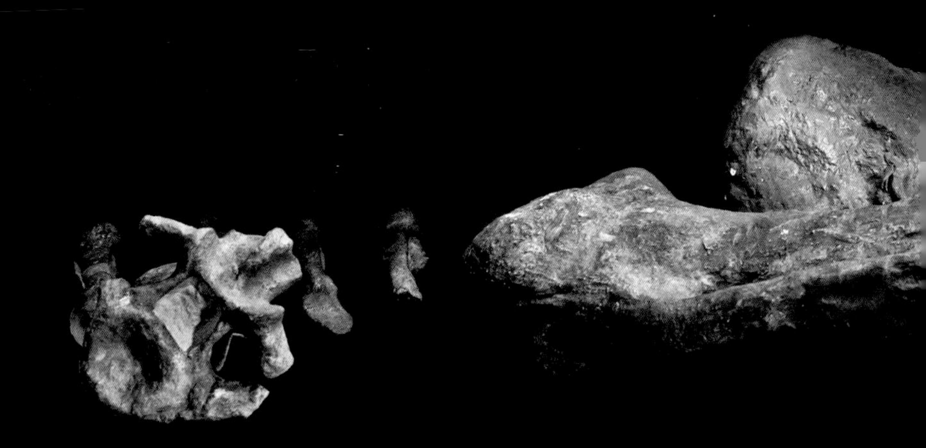

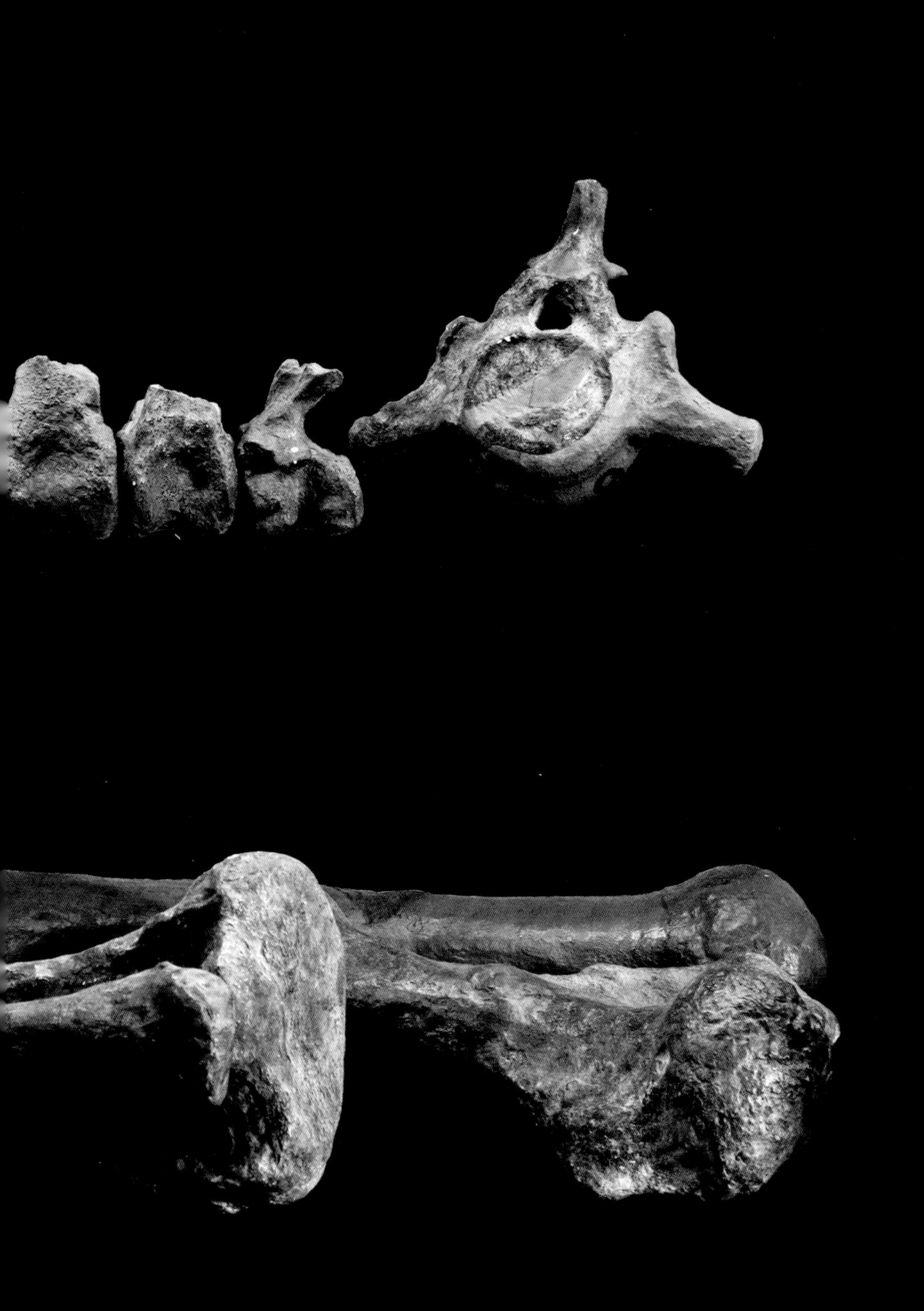

“这些奇特的动物曾经遍布陆地和海洋，当它们在林间和岸边行走，那是我们现在地球上的动物们无法呈现的壮观景象。”

卡米耶·弗拉马利翁，《人类被创造之前的世界》，1886年出版。

第36—37页图 勒苏维斯龙（*Lexovisaurus durobrivensis*，覆盾甲龙亚目，剑龙类），中侏罗世（1亿6500万年前），发掘于法国卡尔瓦多斯的阿根斯地区。复制模型。原始化石于1957年被描述并命名，现存于法国勒阿弗尔市自然博物馆。其属名*Lexovisaurus*来源于居住在古阿摩里卡（现布列塔尼地区）附近的古代高卢部落名。巴黎，MNHN。

顶部图 弗兰克·邦德（Frank Bond）为古生物学家查尔斯·W.吉尔摩尔（Charles W. Gilmore）的《美国国家博物馆公告》（*Bulletin of the United States National Museum*，1914）所绘制的插图。图上是一只剑龙，双足站立，背板覆盖整个后背，背板中间有一簇簇的尖刺，看起来比较怪异。

上图 图为1920年美国犹他州的《奥格登标准评论报》（*Ogden Standard-Examiner*）上的一幅图片。图中为一只勇敢的剑龙，它把自己脊背上的硬质骨板像翅膀一样水平展开，然后从高处滑翔而下。

Z.Burian 41

第40—41页图 插画《剑龙》（*Stegosaurus*），兹德涅克·布里安（Zdeněk Burian，1905—1981）作品，1941年。图中的剑龙形态与当时科学界对剑龙的认识基本上是一致的。

下图 查尔斯·奈特的照片，现存于纽约的美国自然博物馆（American Museum of Natural History，后文简称AMNH），摄于1899年，拍摄者不详。图片中奈特正在专心致志地制作一个剑龙模型，稍后他将以此为参照进行绘画。制作此类缩尺模型的目的在于后期可以从各个不同角度进行绘制，而且能更直观地观察剑龙后背上背板的阴影。

“我感觉好像在哪里见过这个有点笨拙的大家伙，它拱形的后背上排列着三角形的背板，头部也很奇特，和鸟类很相似，紧贴着地面。它突然转过身朝我走来，原来是剑龙！它每走一步，大地都随之震动。随后，它停下来喝水，寂静的夜里回响着它喝水的声音。它就在我藏身的那块巨石的前面，在那几分钟里，它离我是如此之近，如果我伸出手去，我就能摸到它后背上摇摇晃晃的可怖的背板。”

阿瑟·柯南·道尔，《失落的世界》，1912年。

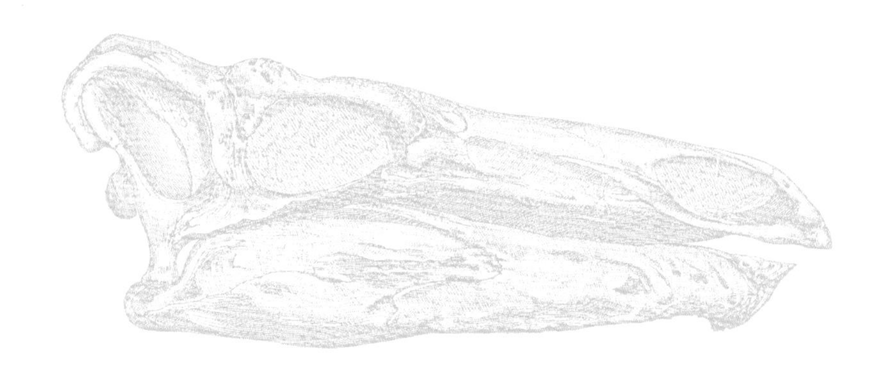

第44—45页图 剑龙复原图，查尔斯·奈特，1897年。纽约，AMNH。

对页图 《失落的世界》中的一幅插图，A.奥尔洛夫（A. Orlov），日期不详。

上图 电影《侏罗纪公园2：失落王国》剧照，1997年上映，斯蒂芬·斯皮尔伯格（Steven Spielberg，1946— ）导演。这是第一次以电影的方式展现一群活灵活现的剑龙。这种四足站立、长着小脑袋、尾巴平行于地面而且顶端还长着尖刺的奇特恐龙终于在大银幕上来到了人们面前。

水晶宫中的恐龙

本杰明·瓦特豪斯·霍金斯出生于伦敦市中心的布鲁姆斯伯里区，父亲是艺术家，母亲的家族在牙买加有一座种植园。他先后学习过雕塑、博物学和地理学等。在为达尔文的《贝格尔号科考日记》（*The Zoology of the Voyage of HMS Beagle*）绘制插图之后，霍金斯接到了一个任务——在解剖学家和古生物学家理查德·欧文爵士的指导下，完成33件史前动物的雕塑，其中也包括几只恐龙。可是，霍金斯最终只完成了5件砖混模型作品，其中有3件是恐龙，分别是当时最著名的斑龙、林龙和历史上第一种被科学命名的恐龙——禽龙。另外两件雕塑是两种海生爬行动物蛇颈龙（*Plesiosaurus*）和鱼龙（*Ichthyosaurus*）。

当时伦敦市政府正将原本位于市中心海德公园的水晶宫迁往伦敦南部的锡德纳姆，这几件与实际动物等比例大小的雕塑正是迁建项目的一部分。这些史前动物雕塑在展出之后引起了巨大的轰动，虽然客观上它们起到了传播科学的效果，但是它们的还原度和准确性其实并不高，而且在外形上表现得极其笨重。

水晶宫首开恐龙模型的艺术重建之先河，此后仅仅过了25年，世界上第一具完整的恐龙骨骼化石——禽龙骨骼化石，就在比利时的贝尔尼萨尔发掘出土了。

1853年12月31日，在一个尚未完工的禽龙模型中举办了一场宴会，参加者是英国科学促进协会的21名成员。1936年，水晶宫遭受了一场大火，整个钢铁和玻璃结构的建筑毁坏殆尽，但是地上的那些重建模型逃过了一劫。这些模型绝大部分在2002年进行了修复。

对页图 伦敦水晶宫公园的“灭绝动物”模型陈列图片，《伦敦新闻画报》（*The Illustrated London News*），1853年12月版。

下图《水晶宫及其公园》(*The Crystal Palace and Gardens*),1854年,插图作者本杰明·霍金斯,雕刻者乔治·巴克斯特(George Baxter,1804—1867)。图中可见水晶宫前的公园中陈列着几件恐龙雕塑。水晶宫是为承办1851年伦敦首届世界博览会而建造的。

第 54—55页图 托马斯·霍金斯(Thomas Hawkins,1810—1889)著作《伟大的海中巨龙、鱼龙和蛇颈龙》(*Book of Great Sea Dragons, Ichthyosauri and Plesiosauri*)的卷首插画,1840年出版。

下图《伦敦新闻画报》图片，1854年1月版。图为1853年12月31日，本杰明·霍金斯在水晶宫的禽龙复原模型中举办晚宴。

对页图 弗朗兹·冯·昂格尔（Franz von Unger，1800—1870）著作《对原始世界的理想化认识》（*Ideal Views of the Primitive World*，1851年）的卷首插图。

1868年，本杰明·霍金斯在美国举办了一系列讲座。在博物学教授约瑟夫·莱迪（Joseph Leidy，1823—1891）的帮助下，霍金斯设计并浇筑了一件接近完整的鸭嘴龙（*Hadrosaurus*）化石复原模型，并将之陈列在费城自然科学院。这是历史上第一次将恐龙化石模型以很灵动的方式复原出来，好像这是一只活的恐龙一样，这是一场恐龙化石模型陈列的革新。由于这具鸭嘴龙化石缺少头骨，霍金斯根据大蜥蜴的头骨形状设计并重建了鸭嘴龙的头骨。根据城市发展规划，纽约对中央公园进行了改扩建，其中一个项目的内容就是建造一些和伦敦的锡德纳姆类似的恐龙复原模型，于是这个任务就落到了霍金斯的身上。霍金斯在美国自然博物馆有一个工作室，并且他还计划成立一个古生代馆。可惜的是，这个项目遭到了当时坦慕尼协会的负责人威廉姆·特维德（William Tweed）的阻挠，所有的恐龙复原模型在1871年被坦慕尼协会的人洗劫一空。

此后，霍金斯来到了华盛顿，为史密森学会工作。他为新泽西的普林斯顿大学绘制了17幅表现史前生物的图画，而且还参加了1876年的费城百年国际展览会。1878年，霍金斯回到了英格兰，1889年不幸中风，于1894年去世。虽然霍金斯终其一生都在努力重建远古时代的动物模型，但是他始终都拒绝接受达尔文的进化论。

RESTORATIONS OF THE EXTINCT ANIMALS,

BY

B. WATERHOUSE HAWKINS, ESQ., F.G.S., &c.

PTERODACTYLE.

IGUANODON. ———— MEGALOSAURUS.

HYLÆOSAURUS.

ICTHYOSAURUS. ———— PLESIOSAURI.

LABYRINTHODON.

“……在我看来，类似恐龙的史前爬行动物可与文艺作品中的神兽一争高下，比如禽龙、蛇颈龙和古希腊神话中美狄亚召唤出来的喷火巨龙；飞蛇和杀死拉奥孔的巨蛇；磨齿兽（*Mylodon*）、大地懒（*Megatherium*）等早期反刍动物及贫齿类动物和巴别塔前戴着王冠的公牛；神秘的恐象（*Deinotherium*）、弓齿兽（*Toxodon*）等疑似哺乳动物和底比斯城的狮身人面像；鱼龙和被赫拉克勒斯斩杀的九头蛇及神话传说中的鸟身女妖；还有侧趾已经退化的三趾马（*Hipparion*），我们能够联想到海神尼普顿同时也是马匹之神，而鲁本斯画作中的马总是有着炸裂般的鬃毛和健硕无比的肌肉，如同妖怪一样。”

《创造》[1]，埃德加·基内（Edgar Quinet）著，1870年出版。

第58—59页图 一件斑龙石膏模型，本杰明·霍金斯制作。巴黎，MNHN。

对页图 1908年6月，梁龙骨骼化石落成典礼上，马塞林·布列和时任法兰西共和国总统阿尔芒·法利埃尔的合影，照片中前景部分为梁龙腿骨。巴黎，MNHN。

① 法文书名*La Création*。

当恐龙长出羽毛

第一具始祖鸟骨骼化石发掘于1861年，被称为“伦敦标本”，但是实际上，它和另外的11件始祖鸟化石一样都是在德国发掘出土的。其属名*Archaeopteryx*源于希腊文，意思是“古老的羽毛”，这也是世界上第一块包含着保存完好的羽毛印痕的化石。

由于其特殊的形态和存在羽毛这样的事实，这些始祖鸟化石引发了旷日持久的争论，如它们的飞行能力（滑翔或者扇动翅膀的飞翔）、在会飞的恐龙谱系中的位置、是不是鸟类的祖先，还有它们与其他恐龙的亲缘关系等。

始祖鸟羽毛丰满，曾经长期被视作最早和最原始的鸟类，但是其也具有爬行动物的很多特征，包括趾尖有爪、颚间有齿、尾长有骨，现在的主流科学观点认为，始祖鸟是介于覆羽恐龙和鸟类间的过渡物种。

右图 查尔斯·奈特，1914年发表在《美国博物馆杂志》上的一幅画。纽约，AMNH。小始祖鸟在这里沦为了嗜鸟龙（*Ornitholestes*）的猎物。

对页图 印石板始祖鸟（*Archaeopteryx lithographica*），晚侏罗世（1亿4700万年前），巴伐利亚（德国）。石膏模型，46厘米×59厘米。巴黎，MNHN。

“我迫不及待地靠近一些观察，这些骨骼由某种坚硬无比的矿物质构成，不知道已经在这里存在了多久。这些骨骼像风干的树干一样，而且巨大无比，我立刻给它们拟定了一个名字……这些骨骼的主人曾经生活在这个地底海洋的岸边，在那些大树下走来走去。如今呈现在我面前的，只是一具完整的骨骼化石。”

《地心游记》，儒勒·凡尔纳（Jules Verne，1828—1905）著，1864年出版。

第64—65页图 始祖鸟雕塑，弗兰克·利蒙-杜帕默（Franck Limon-Duparcmeur）1998年作，41厘米×51厘米×21厘米。巴黎，MNHN。

对页图 儒勒·凡尔纳的小说《地心游记》在英国第一次被搬上银幕时的电影宣传海报。该片1959年上映，美国人亨利·莱文（Henry Levin，1909—1980）导演。

A FABULOUS WORLD BELOW THE WORLD

20th Century-Fox presents

JULES VERNE'S

JOURNEY TO THE CENTER OF THE EARTH

STARRING

PAT BOONE JAMES MASON

ARLENE DAHL DIANE BAKER

CINEMASCOPE COLOR by DE LUXE

PRODUCED BY CHARLES BRACKETT · DIRECTED BY HENRY LEVIN · SCREENPLAY BY WALTER REISCH and CHARLES BRACKETT

穿越时空的梁龙

1877年，美国教育家塞缪尔·W.威利斯顿（Samuel W. Williston，1851—1918）在科罗拉多州峡谷镇附近发现了第一块梁龙化石。化石所处地层的年代为距今1亿4700万年到1亿5600万年的晚侏罗世，该处地层属于北美恐龙化石产出最丰富的莫里逊组。莫里逊组的中心位于怀俄明和科罗拉多，其突出部分横跨达科他、堪萨斯、蒙大拿和内布拉斯加等各州。

从化石上看，这种恐龙的每节尾椎骨骼都有用于保护其下方神经和血管的两根人字骨延伸构造，如同两根横梁，因此，古生物学家奥塞内尔·C.马什（Othniel C.Marsh，1831—1899）在1878年将其命名梁龙，属名*Diplodocus*源自希腊语diplous，意为“两个”，以及docos，意为“梁”。

在巴黎的这具梁龙是卡内基梁龙（*Diplodocus carnegii*）。卡内基梁龙化石发掘于怀俄明州奥尔巴尼郡的希普河附近，但是实际上第一具卡内基梁龙的化石并不完整，向外界展示的完整化石模型中有一部分来自其他地方发掘的几具梁龙化石。第一块卡内基梁龙化石的发现者是怀俄明州立大学的威廉·H.里德（William H. Reed，1848—1915），纽约的一份报纸在1898年11月对此进行过报道，题为《西部出土迄今为止地球上最大的动物化石》①。其余部分的化石在第二年春天相继发掘出土，该发掘项目得到了匹兹堡的卡内基博物馆的资助，时任馆长正是威廉·霍兰德（William J. Holland，1848—1932）。霍兰德还曾担任过匹兹堡大学校长，也是一名长老会教长。卡内基梁龙化石模型于1907年4月在卡内基博物馆安装完成并陈列在其爬行动物化石

对页图 威廉·霍兰德和马塞林·布列在古生物学馆的梁龙模型前的合影，1908年。巴黎，MNHN。

第70—71页图 梁龙图画，兹德涅克·布里安，1942年。

① 文章题名为Most Colossal Animal Ever on Earth Found out West。

M COGESTALL
Aide-Naturaliste
Américain
M. HOLLAND
Directeur
du Musée Carnégie
à Pittsburg (Etats-Unis)
M. BOULE
Professeur au Muséum
d'Histoire Naturelle
ARIS. - Jardin des Plantes - Galerie de Paléontologie

馆中。卡内基梁龙是世界上第二具完整安装的蜥脚类恐龙化石，第一具是陈列在纽约的美国自然博物馆中的雷龙（*Brontosaurus*）化石。卡内基梁龙化石模型对外开放之后，各种以梁龙为主题的文化产品迅速涌入各大商店，人们亲切地称呼梁龙为“迪皮”（Dippy），世人对恐龙的狂热兴趣就此开启。

位于匹兹堡的卡内基博物馆是根据美国钢铁大王安德鲁·卡内基的名字命名的。卡内基出生于苏格兰，少年时在纺织厂搬过纱锭，也为邮局送过电报，后来通过生产铁路建设用的铁轨发家，最终成为亿万富翁。自1901年起，卡内基投身慈善事业，为各种公共和教育项目提供资助。他在美国、爱尔兰、英国、新西兰和加拿大等多个国家捐建了超过3000家图书馆。1902年10月，卡内基邀请英国国王爱德华七世到他在苏格兰的庄园做客。爱德华七世在庄园里看到了一张海报，内容是关于霍兰德的团队发现的梁龙，于是爱德华七世提出了一个要求——他想要一具真正的梁龙骨骼化石。这个要求基本上是不可能实现的，不过作为当时世界上最富有的人，卡内基选择了另外一种方式：他参照这个当时世界上最大的动物的骨骼化石，制作了一具完整的等比例复制模型，并将其送给了爱德华七世。而且，这只是一个开始，卡内基决定建造10具同样的梁龙骨骼化石模型，并把它们赠送给世界上其他国家的博物馆。

第一具真正的梁龙骨骼化石于1907年在美国组装完成并对外开放，而第一具复制模型的安装陈列却在两年前就在伦敦完成了。1905年5月12日，在伦敦自然博物馆举行了梁龙化石模型的落成典礼。为了将梁龙和馆中发掘自英国的其他恐龙化石区别开来，梁龙模型被陈列在爬行动物馆。从社会底层奋斗至亿万富豪，卡内基的行为似乎过于慷慨大方，不知道这是不是他后来走向衰败的原因之一。在二

上图 卡内基梁龙原始化石，现存于卡内基博物馆，1907年组装完成。

对页图 安德鲁·卡内基的照片，西奥多·C.马尔索（Theodore C.Marceau，1859—1922），摄于1913年。

下图 两只异特龙在一具梁龙的骨骼残骸中间觅食，马克·哈雷特（Mark Hallett，1947—）1994年。

第76—77页图 卡内基梁龙骨骼化石，晚侏罗世发掘于美国怀俄明州莫里逊组地层，石膏模型。巴黎，MNHN。根据化石标本，这只梁龙长约25米，重达15吨。

“十一月的天气阴冷无情，街上满是泥泞，好似有一场洪水刚刚退去，所以假如遇到一只斑龙也不足为奇。”

《荒凉山庄》，查尔斯·狄更斯著，1853年出版。

战期间，出于保护的目的，伦敦的梁龙化石模型被拆解保存，以防毁于战火，直到1979年才重新在博物馆的大厅中安装陈列。2017年7月，迪皮再一次被拆解，不过，这次是为了在全英国范围内进行巡回展览。

伦敦的梁龙化石复制模型竟然比其在美国的原始化石早两年完成组装，这不仅令其他国家羡慕不已，而且也引发了法国和德国之间的竞赛，大家都想早日收到下一具梁龙化石模型，两个国家的人民都迫不及待地想要一睹这个庞然大物的风采。后来，德国抢先一步，柏林在1908年5月上旬完成了标本安装陈列，比法国只早了1个多月。

1908年4月12日，装着梁龙模型的蒸汽船“萨瓦号”驶入法国勒阿弗尔港，梁龙模型总共有324块，分装在34只大木箱里。梁龙模型及其安装运输等成本总共花费了50万法郎，这在当时可是一笔巨款。霍兰德最终同意将梁龙的尾巴弯折，拖于地面，虽然他认为这样对于这个大家伙的整体形象稍有影响。马塞林·布列教授在阿尔伯特·高德里去世之后接任古生物学馆负责人，他甚至还考虑过将梁龙的头部抬高至大厅天花板的位置，目的当然还是为了充分展现令人震撼的视觉效果。

落成典礼的准确时间是1908年6月15日下午2点30分，时任法国总统阿尔芒·法利埃尔和总理兼内政部长乔治·克列孟梭（Georges Clemenceau，1841—1929）都出席了典礼。霍兰德因此被授予荣誉军团勋章。化石标本的制作者阿瑟·科吉歇尔（Arthur Coggeshall）是现场讲解指导。在正式对外开放后的一个星期内，有超过1.1万巴黎市民涌入古生物学馆，只为感受迪皮带来的巨大震撼。上一次法国人民对动物表现出如此的热情还是在近一个世纪前，当时一只来自非洲的长颈鹿扎拉法（Zarafa）来到了法国巴黎植物园。

此后，奥地利的维也纳、意大利的博洛尼亚、俄国的圣彼得堡、阿根廷的拉普拉塔、西班牙的马德里和墨西哥的墨西哥城相继获得了他们自己的梁龙模型。最后一具梁龙模型于1934年运抵德国慕尼黑的古生物学博物馆，不过一直没有安装，直到1977年才被“再次发现”。

第78—79页图 梁龙小雕塑，查尔斯·奈特，1907年，79厘米×42厘米×47厘米。巴黎，MNHN。该雕塑中梁龙的脖子前端如潜望镜般直立，尾巴拖在地面，现在认为这两种体态造型是错误的。

对页图 1908年6月20日出版的巴黎《世界画报》[1]对梁龙模型落成典礼的报道。上方图片为出席典礼的官员们与梁龙模型的合影。中间图片旨在向在威廉·霍兰德（插入肖像图）指导下进行化石模型组装的工作团队致谢。下图是出席典礼的时任法国总统阿尔芒·法利埃尔离开博物馆。

① 法文名*Le Monde illustré*。

LE DIPLODOCUS AU MUSÉUM

e Muséum d'histoire naturelle était, lundi dernier, en
se. Le Président de la République venait, pour la pre-
re fois, admirer la reconstitution du fameux Diplodocus
lui avait été offert par M. Carnegie.

y fut reçu par M. Doumergue, ministre de l'instruction
lique; M. Georges Clemenceau; M. Edmond Perrier,
cteur, et les professeurs de l'établissement; M. Holland,
gué par M. Carnegie, etc.

. Perrier, en une courte allocution, rappelle que la nou-
e galerie de zoologie avait été inaugurée en 1887, sous
inistère de M. Fallières :

- Vous faites encore partie du conseil de perfectionne-
t, Monsieur le Président.

- Et j'y resterai, dit le Président en souriant, tant que
Doumergue ne m'en expulsera pas.

. Holland, présenté au président, commence à son tour
discours :

- Je vous offre, au nom de M. Carnegie, ce petit
au...

montre l'énorme saurien, qui est vraiment fort impres-
nant. Et il continue en disant que ce « petit cadeau »
etiendra l'amitié des deux grandes Républiques plus

Réception du Président de la République au Muséum

M. Holland 

Le Diplodocus quelques instants avant la cérémonie

nent que les cuirassés et les
ns.

Président remercie, et il
t la croix de la Légion
neur à M. Holland, qui
n paléontologiste fort dis-
é. Son collaborateur, M.
echal, reçoit la croix d'of-
de l'Instruction publique.

1904, on trouva dans l'Etat
oming, aux Etats-Unis, un
able cimetière d'animaux
iluviens. Dans une sorte
sse commune se montrèrent
sés les squelettes d'une cen-
de représentants de ces
éloignés.

rmi ceux-ci, on pouvait re-
uer un fossile merveilleux,
e présenta dans un état de
rvation absolument par-
Ce sont ces restes précieux
I. Carnegie fit rassembler et

Le Président de la République, entouré des Membres du Gouvernement, quitte le Muséum

porter au musée de Pittsburg, qu'il avait fondé. Comprenant tout l'intérêt qu'il y aurait pour la science à posséder des reproductions exactes de cet admirable et unique spécimen, M. Carnegie n'hésita pas à en faire fabriquer un moulage parfait qui permit d'obtenir trois autres squelettes identiques dont chacun n'a pas coûté moins de 500.000 francs. L'un d'eux a été donné au roi Edouard VII et figure actuellement dans les galeries du Muséum de Londres. Les deux autres ont été offerts gracieusement à l'empereur d'Allemagne et à la France. C'est au Muséum national que nous pourrons aujourd'hui contempler cette merveille qui nous reporte à l'ère secondaire, c'est-à-dire à six millions d'années, d'après la chronologie adoptée par les géologues.

M. le docteur Holland, dans son discours, a été fort courtois et même très aimable pour notre pays et nous en trouvons la preuve par cette phrase de son discours :

« J'ai connu tous les présidents des Etats-Unis, depuis Lincoln, et j'ai été présenté à plusieurs souverains; mais vous êtes le premier président de la Grande République, sœur de la nôtre, que j'ai l'honneur de saluer. J'en suis profondément reconnaissant à mon ami Carnegie, qui m'a chargé de vous faire l'hommage de ce « petit cadeau » et qui vous prie de l'accepter comme une preuve de l'estime qu'il a pour votre personne et pour la France. Qu'il soit aussi un témoignage nouveau de l'amitié de l'Amérique pour votre pays et une preuve que les relations scientifiques font plus pour la paix et la fraternité des peuples que les cuirassés et les canons. »

Le Président, serrant la main au docteur Holland, l'a prié de transmettre, en son nom et au nom de la République, ses remerciements à M. Carnegie. Il l'a vivement félicité de ses belles découvertes scientifiques, qui l'ont fait célèbre dans le monde entier et qui rendaient inutile sa présentation; il pria le docteur Holland de lui exprimer l'expression de sa sympathie.

Noël Nozeroy.

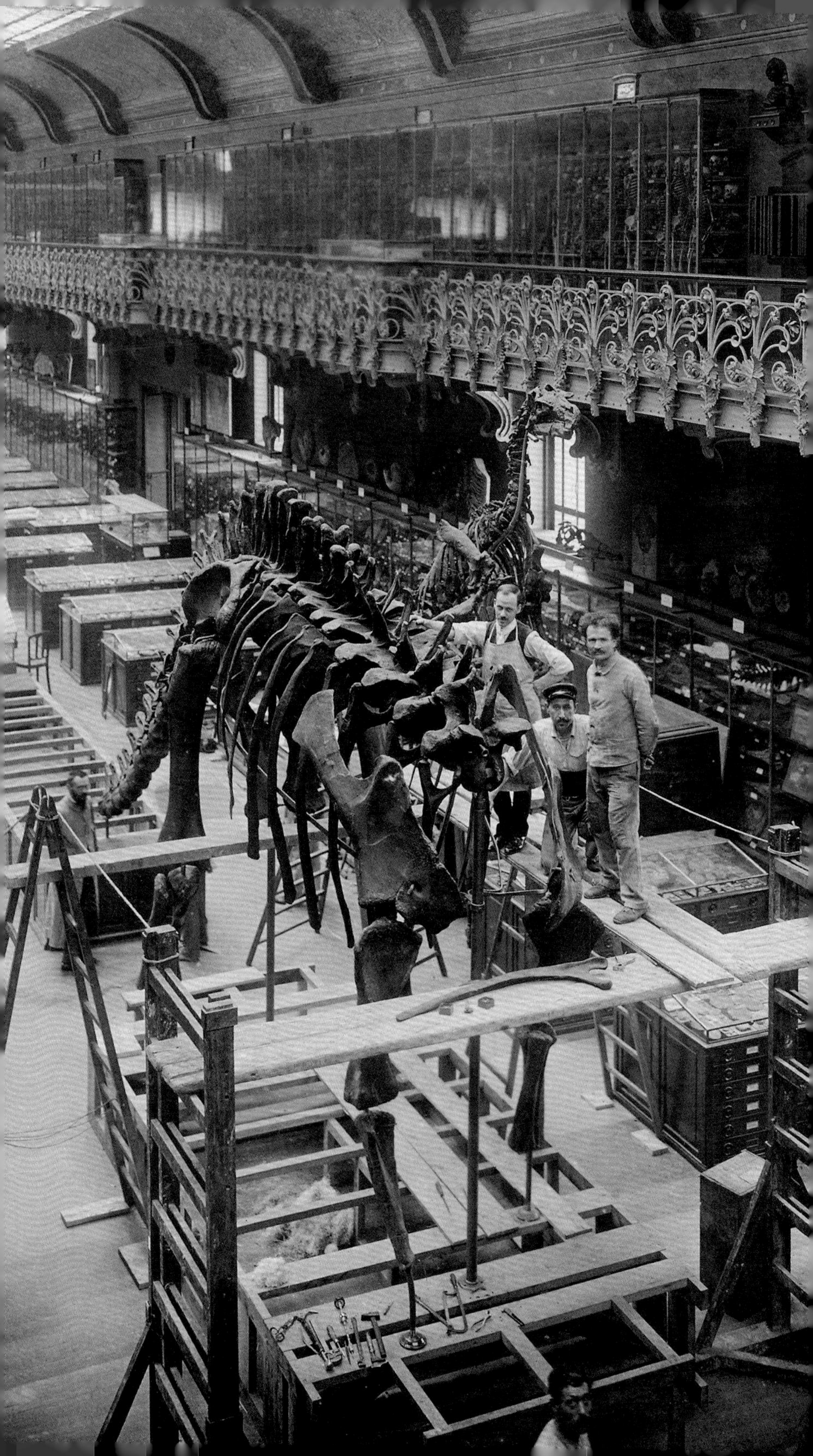

从古生物学研究的角度来看，梁龙化石的发现引发了很多争论，直到现在也没有停息。梁龙有着什么方式的新陈代谢？日常生活中它是积极好动的还是消极懒散的？古生物学馆曾经在对梁龙的介绍中将其描述为“笨重而愚蠢”的动物，不过现在这种观点早已不被采信。梁龙生活在陆上还是水中？如果是在陆上，它能支撑自身的庞大身躯吗？在20世纪50年代，有一种理论认为梁龙不可能生活在水中，因为在水下其胸腔将要承受巨大的压力，这将导致其无法呼吸。

梁龙的鼻腔位于头骨前上方，据此有人推断梁龙可能是水陆两栖的，它生活在水中，以水中的藻类和岸边的植物为食。还有人提出梁龙会不会有像大象一样的长鼻子？这些猜测现在都已经被否定，虽然梁龙的鼻孔比较靠后，但是这并不能证明梁龙长着长鼻子或者在水中生活。

那么，梁龙的尾巴又有什么作用？梁龙的尾巴超长，可达14米，大约是体长的一半，而且很精巧、轻盈，平均有85块尾椎骨，最末端的尾椎骨直径只有大约3厘米。这种像鞭子一样的尾巴是否能够用来自我防卫？通常情况下梁龙的尾巴是拖在地面的还是有弹性地伸展出去的？这么长的尾巴是不是对长脖子的平衡？还有一种理论认为梁龙的长尾巴能发出声音，与同伴交流。德国动物学家古斯塔夫·托尼尔（Gustav Tornier，1858—1938）提出了一个设想，他认为梁龙的尾巴可以起到类似锚的作用，让梁龙在水中进食时保持身体稳定。

1899年时，亨利·奥斯本发表过一个理论，提出梁龙可以用尾巴协助两条后腿，让身体形成稳定的三点支撑。此前，奥斯本还提出，梁龙能够以轻快的步伐小跑，并且主要是在水中生活，而且他认为梁龙的尾巴上可能还长着鳍，但是古生物学家奥利弗·P.海伊（Oliver P. Hay，1846—1930）和约翰·贝尔·海彻尔（John Bell Hatcher，1861—1904）对

对页图 图为工人们站在为安装巨大的巴黎梁龙标本而搭建的超高脚手架上。摄于1908年。

上图 图为巴黎梁龙模型落成典礼当日的晚宴菜单，让人不由得想起1853年12月31日的那场在禽龙雕塑里举行的盛宴。

“我们认为所有的史前物种都早已灭绝，所以当传闻称有探险家在南美的巴塔哥尼亚发现了与传说中的蛇颈龙差不多的动物时，我们对此是嗤之以鼻，完全不信的。”

法国画报《小报》[1]，1922年4月9日版。

对页图 法国画报《小报》封面图片，1922年4月9日版。

① 法文名*Le Petit Journal illustré*。

下图 玛丽·M.米歇尔（Mary M.Mitchell）在奥利弗·海伊指导下绘制的梁龙。玛丽依据德国爬行动物学家古斯塔夫·托尼尔的假设，将梁龙的四肢外展弯折，和蜥蜴类似。

对页图 图为安装梁龙迪皮模型的工人，他怀里抱着的是迪皮的头骨。

尾鳍假说并不认可。海彻尔坚持认为梁龙是四足站立的陆生动物，只是偶尔会走进河岸边的浅水区觅食。

整体上看，梁龙的体形比较怪异。梁龙的脖子虽然很长，但是只能向后弯折很小的幅度。梁龙的尾巴也很长，但是躯干部分比较坚实。头部很小，而且比较扁平，牙齿也呈细长的梳齿状排列。其脊椎骨有一部分是中空的，所以相比较其他的恐龙而言，梁龙的骨骼并不重。此外，梁龙颈椎的细长结构决定了其不能承受较大的重量，所以梁龙的头部很小。对于梁龙是温血动物还是冷血动物也一直有争论。关于梁龙还有一个推测，就是在其身体的其他部位有起到辅助作用的心脏和大脑，以弥补颈部过长对血液和神经信号传输造成的负面影响。

梁龙的后肢比前肢稍长，后脚掌上有三个趾头上有爪，而前脚掌只有最里面的一个趾头上有爪。卡内基博物馆里展出的完整梁龙骨骼化石的前脚掌其实有一部分来自圆顶龙（*Camarasaurus*），这部分化石是应卡内基的请求从美国自然博物馆获得的。

1897年，查尔斯·奈特绘制了一幅很著名的雷龙复原图，图中的远处背景为梁龙。不过后来雷龙被重新命名为迷惑龙（*Apatosaurs*）。这幅图现在就收藏在古生物学馆。

蜥脚类恐龙种类很多，其中在南美洲大量发现的泰坦巨龙类（Titanosauria）恐龙占了大约三分之一。梁龙有4个亚种，曾经被认为是世界上最长的恐龙，但是2017年夏天发现的巴塔哥尼亚泰坦巨龙（*Patagotitan*）刷新了恐龙体长的纪录。

20世纪末发掘的大量蜥脚类恐龙化石拓展了以往的蜥脚类恐龙研究标准，原先的研究重点在于头部形状、体形、脊柱长度等。研究发现，蜥脚类恐龙的内耳结构差异很大，一如它们的体形差别。它们有的很高，有的很胖，有的很长，甚至还发现了体形极小的侏儒蜥脚类恐龙。有一个现象很奇特，就是随着体形的增大，它们的大脑几乎没有任何变化，比如生活在晚白垩世的葡萄园龙（*Ampelosaurus*），其体长可达15米，但是它的大脑直径只有大约8厘米，和网球差不多大。

下图 梁龙复原图，查尔斯·奈特1907年绘制，现存于纽约，AMNH。图中的梁龙双足站立，尾巴着地，呈一种奇特的直立姿势。后来馆中的腕龙（*Brachiosaurus*）化石模型组装的姿态很可能受到了该图中梁龙直立姿态的影响。

对页图 图为梁龙右腿和足部化石的细节，留意其外侧脚趾上是没有爪子的。巴黎，MNHN。

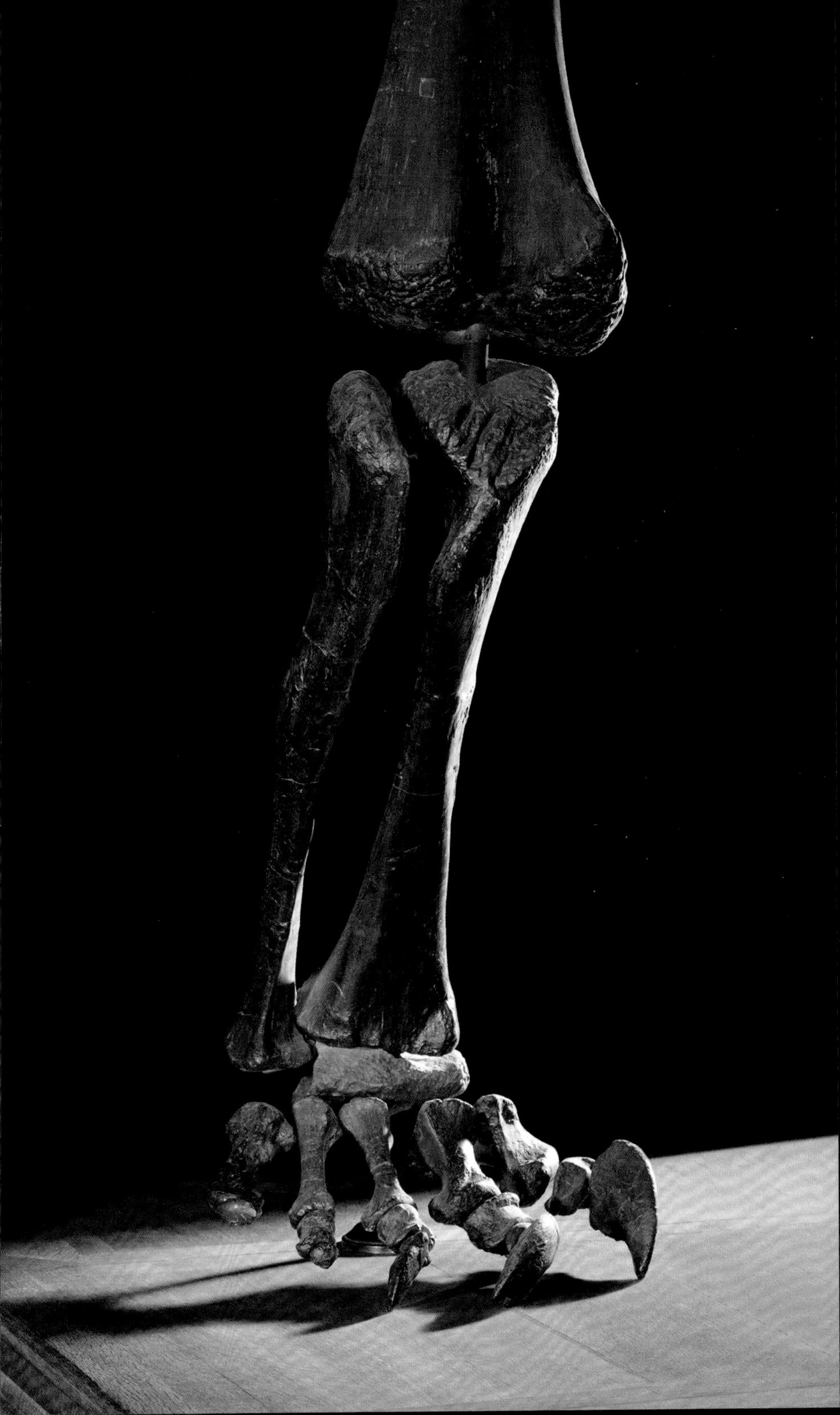

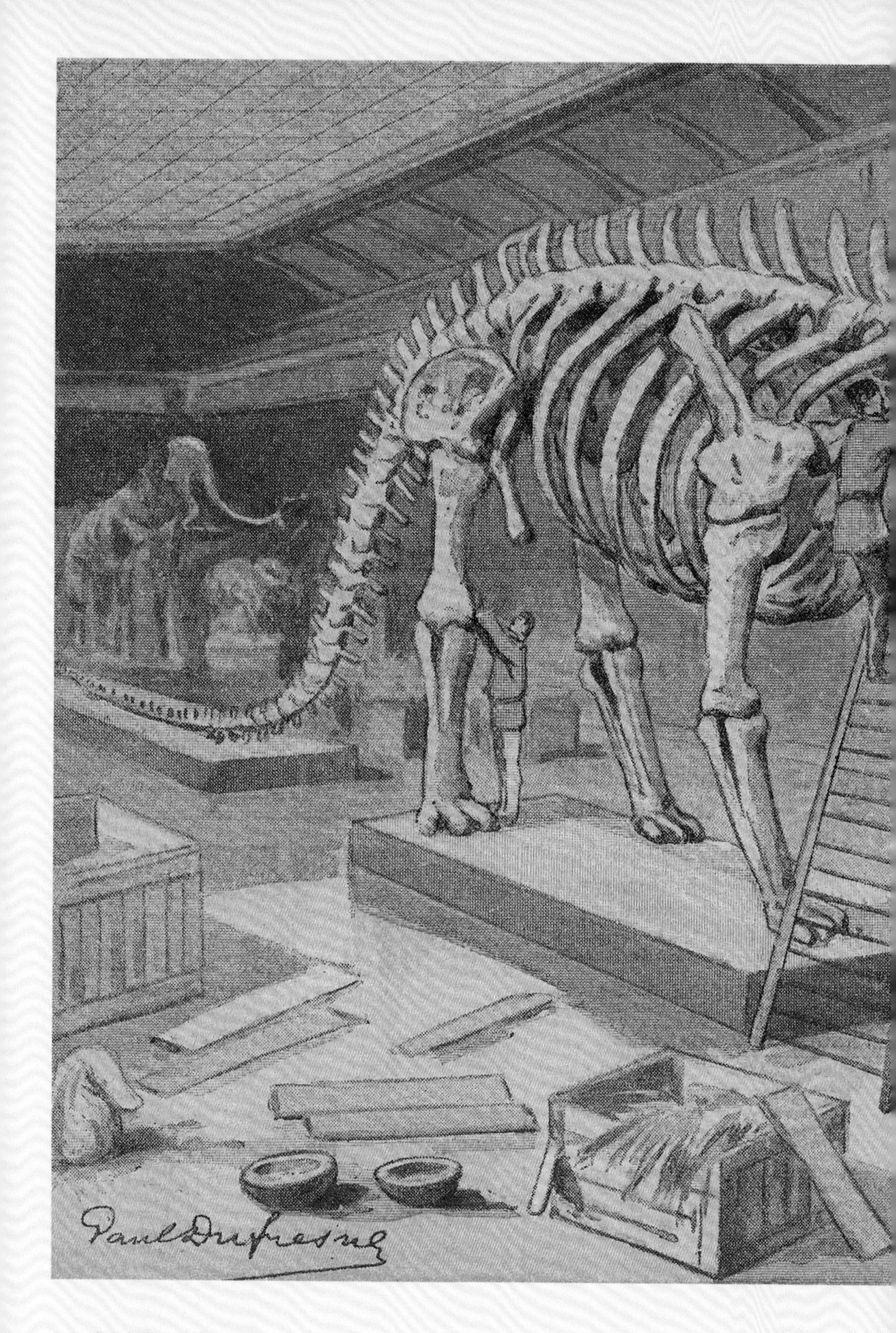

上图 法国古董画报《小巴黎人》（*Petit Parisien*）插图，1908年12月刊。

LACREYS Gray

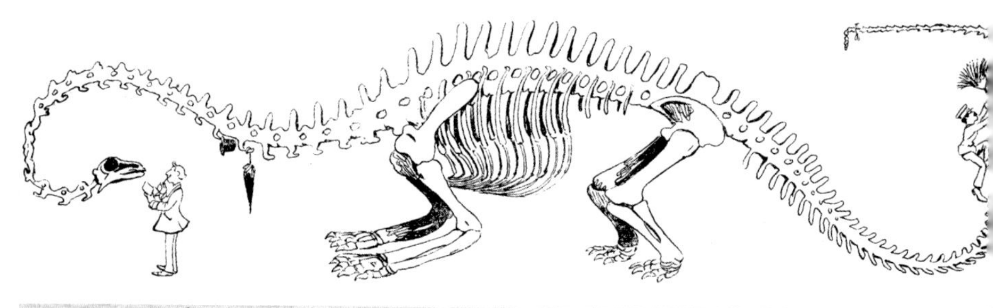

顶部图 法国幽默杂志《搞笑》（*Le Rire*）内页图，1908年。这是画家乔治-爱德华（George-Edward，1882—1932）为庆祝梁龙模型落成而画的卡通漫画。

上图 1908年12月20日，威廉·霍兰德写给马塞林·布列的贺卡。

对页图 美国连环漫画大师和动画片创始人温莎·麦凯（Winsor McCay，1869—1934）导演的动画电影《恐龙葛蒂》，这是世界上第一部以恐龙为主角的动画电影。不用说，主角葛蒂当然是一只梁龙。

WINSOR McCAY'S "GERTIE"
WONDERFULLY TRAINED DINOSAURUS
WINSOR McCAY
AMERICA'S GREATEST
CARTOONIST.
A Prehistoric Animal
that Lived Thirteen Mil-
lion Years Ago, Brought
Back to Life. A Most
Marvellous Work of Art,
Science and Humor.
She's a Scream
GERTIE JUST LOVES AN AUTO.
BOX OFFICE
FEATURE
FILM
ACME
Released through BOX OFFICE ATTRACTION CO.
WILLIAM FOX, PRESIDENT.
EXCHANGES IN ALL PRINCIPAL CITIES.

上图 玛德琳·艾梅（Madeleine Aimé）绘制的侏罗纪时代的恐龙复原图，见于古生物学家勒内·拉沃卡（René Lavocat，1909—2007）发表于刊物《科学与自然：摄影和图像表达》（*Science et Nature, par la photographie et par l'image*）上的文章，1955年9月—10月刊。

“我看到在河岸那边有一个大家伙，有大概20米长，是活的。它的身体看上去和大象差不多，脑袋像鳄鱼，两只巨大的眼睛闪着凶光。它浑身披满了坚硬的护甲，四肢长而有力，看起来应该能够快速奔跑。它和我们看到的生活在沼泽里的那些鳄鱼不同，这个怪物的四肢要长很多，尾巴较短而且很细，头部和牙齿也更大、更长。”

《铜瓶中的奇怪手稿》[1]，詹姆斯·德·米勒（James De Mille）著，1888年。

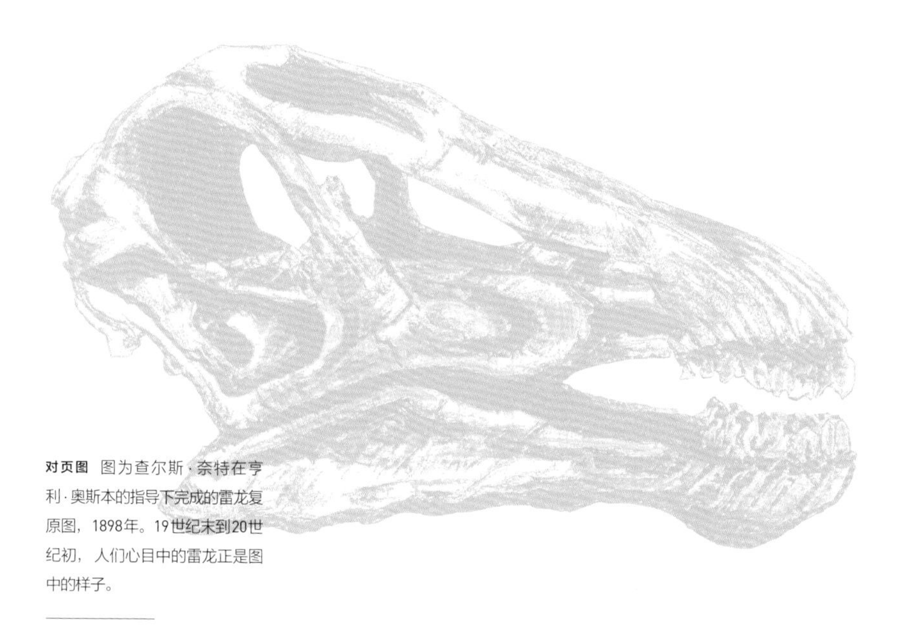

对页图 图为查尔斯·奈特在亨利·奥斯本的指导下完成的雷龙复原图，1898年。19世纪末到20世纪初，人们心目中的雷龙正是图中的样子。

---

①英文书名*A Strange Manuscript Found in a Copper Cylinder*。

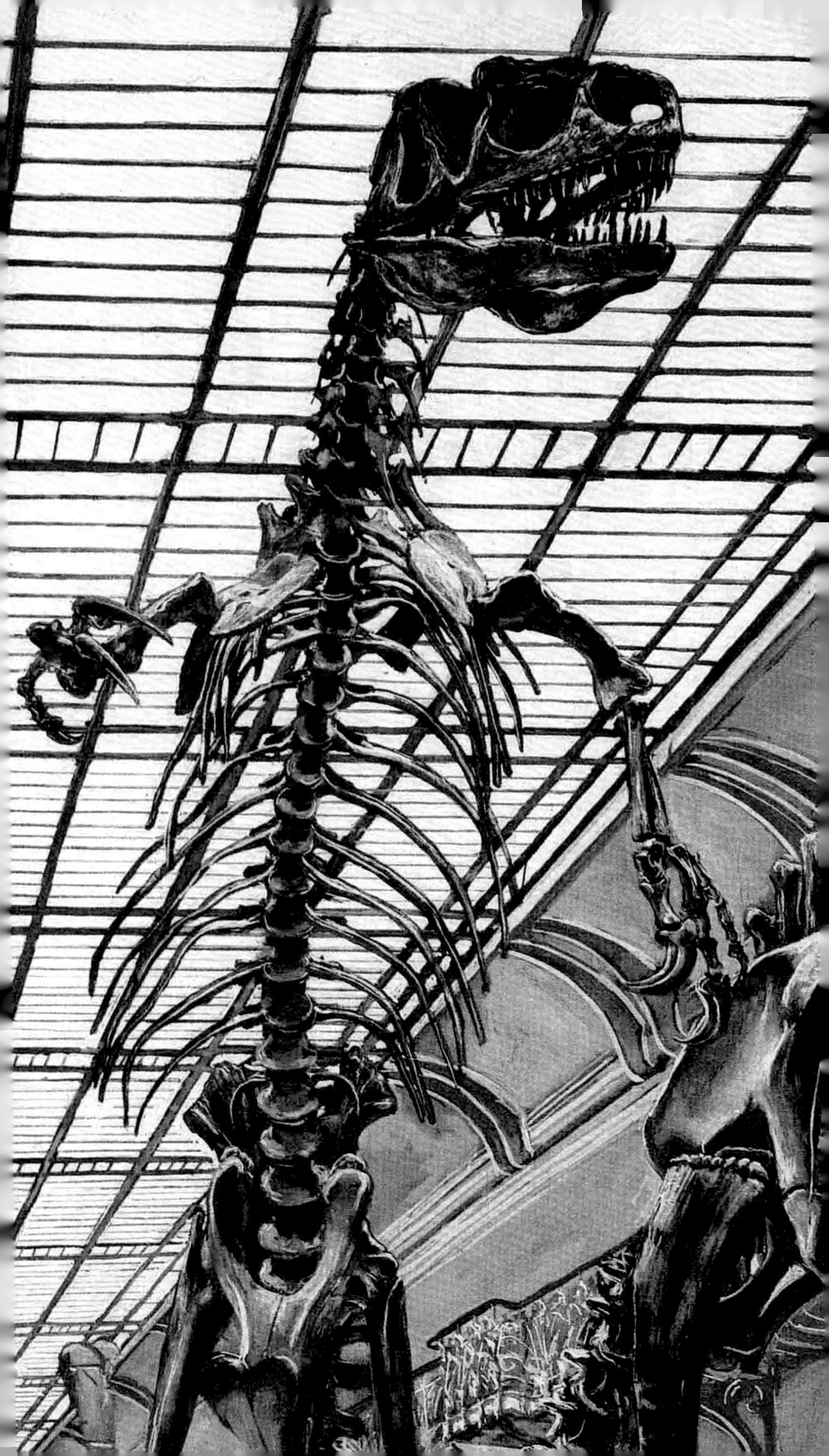

异特龙的登场

异特龙的属名*Allosaurus*源于希腊语，本意是“另一种蜥蜴”，该名字由古生物学家奥塞内尔·马什在1877年确定，当时是为了将它与其他已知的恐龙化石区别开来。

这一具异特龙骨骼化石模型是1976年由辛格-波利尼亚克（Singer-Polignac）基金会作为与美国犹他州大学的恐龙合作项目而捐赠给法国国家自然博物馆的。这具石膏模型的制作依据是从犹他州的克利夫兰劳埃德恐龙化石矿场发掘出的异特龙骨骼化石。在1960至1965年间，从该矿场发掘出了至少44种不同动物的化石，其化石的富积程度堪比因发掘出大量禽龙化石而闻名的比利时贝尔尼萨尔矿场。犹他州矿场发掘的异特龙化石标本的年代和大小差别很大，体长1米到12米之间。不过，不管是贝尔尼萨尔还是犹他州，两地发掘出的那些化石主人的死因都还不明确。

异特龙是目前全世界发现化石最多的肉食性恐龙，也是莫里逊组地层中化石最多的食肉性恐龙，占据了该地层中发掘出的兽脚亚目恐龙化石总量的四分之三。异特龙和梁龙迪皮等蜥脚类恐龙大致处于相同年代，它们的化石都发掘于晚侏罗世的莫里逊组，而三角龙（*Triceratops*）和君王暴龙（*T. rex*，即俗称的霸王龙）是同时期的，其化石同时存在于蒙大拿的白垩纪地层中。

1965年，纽约的诺顿出版社出版了一本《爬行动物时代》(*The Age of Reptiles*)，作者是美国古生物学家埃德温·H.科尔伯特（Edwin H. Colbert，1905—2001）。在该书中，科尔伯特描绘了一种“现代风格”的兽脚类恐龙：脊背平行于地面，尾巴水平指向后方而不是拖在地上，长着类似青蛙的圆鼓鼓的眼睛，还有和蜥蜴一样的长长的口鼻部。

对页图 异特龙骨骼化石画像，瑞士画家于尔格·克雷恩布赫（Jürg Kreienbühl，1932—2007），1983年，私人收藏。克雷恩布赫很善于用破败凋零的景象作为主题，在1982年至1985年间，他一直在已经对公众关闭的动物学馆中作画，力图用画笔穿透历史，向世人展现这些亿万年前的化石中隐藏着的永恒之美。

第102—103页图 脆弱异特龙（*Allosaurus fragilis*）化石模型，晚侏罗世（1亿5000万年前），发掘于美国犹他州，尺寸为7.50米×1.70米×3.15米。巴黎，MNHN。

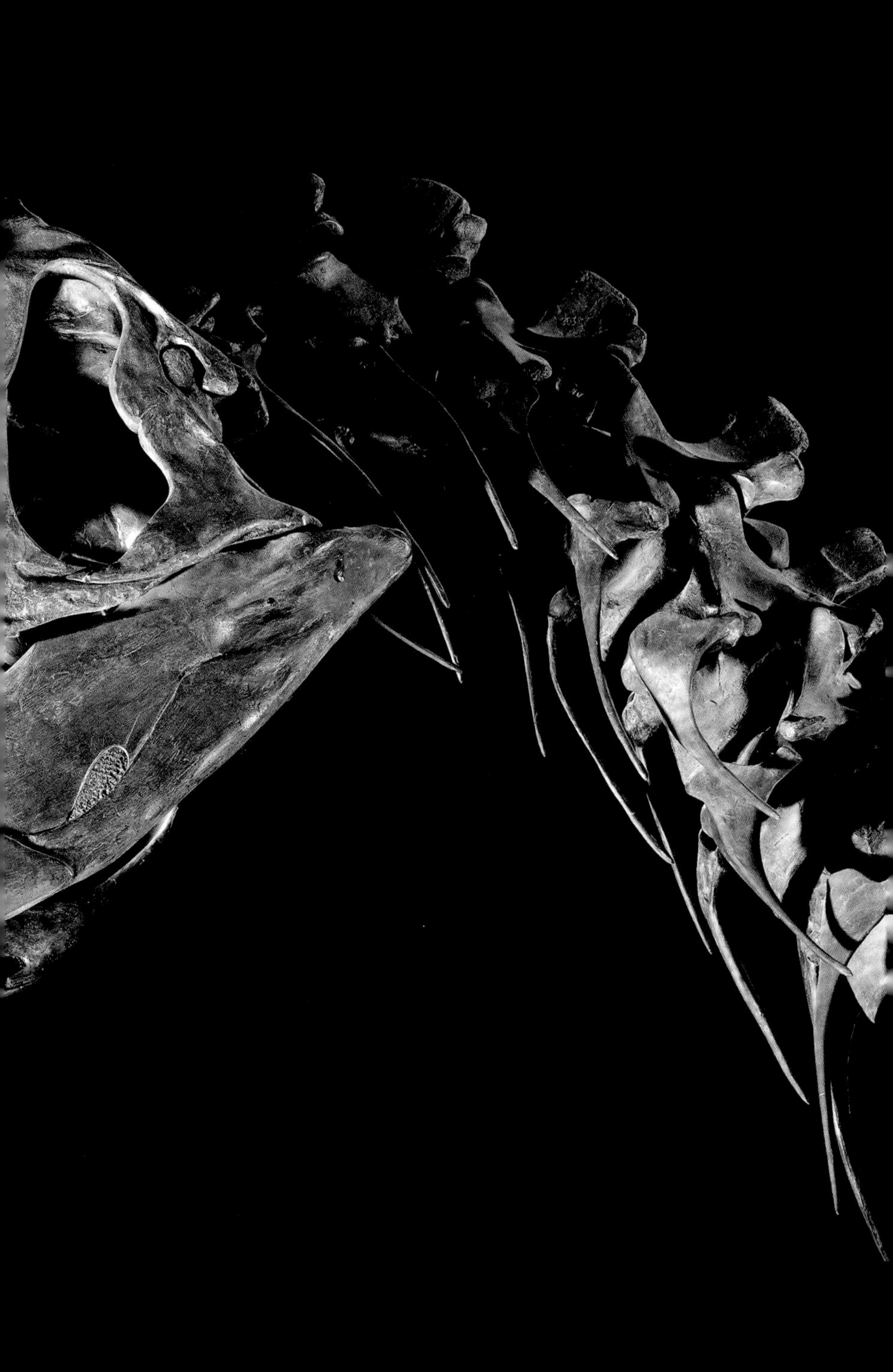

上图 脆弱异特龙右后腿骨骼化石特写。巴黎，MNHN。

对页图 弱光下拍摄的脆弱异特龙骨骼化石照片。这具异特龙化石是1976年在馆中安装陈列的，而上一次有新的恐龙化石陈列还是1912年，当时是一只三角龙。巴黎，MNHN。

下图 异特龙插画，查尔斯·奈特，1919年。纽约，AMNH。在兽脚类恐龙重建过程中，曾经有三种体态比较流行，分别是“犀牛式恐龙”“袋鼠式恐龙”以及接受程度越来越高的“鸵鸟式恐龙”。图中的异特龙属于“袋鼠式恐龙”。

第108—109页图 异特龙小雕像，米歇尔·方丹（Michel Fonlainc），1998年，54厘米×20厘米×17厘米。巴黎，MNHN。

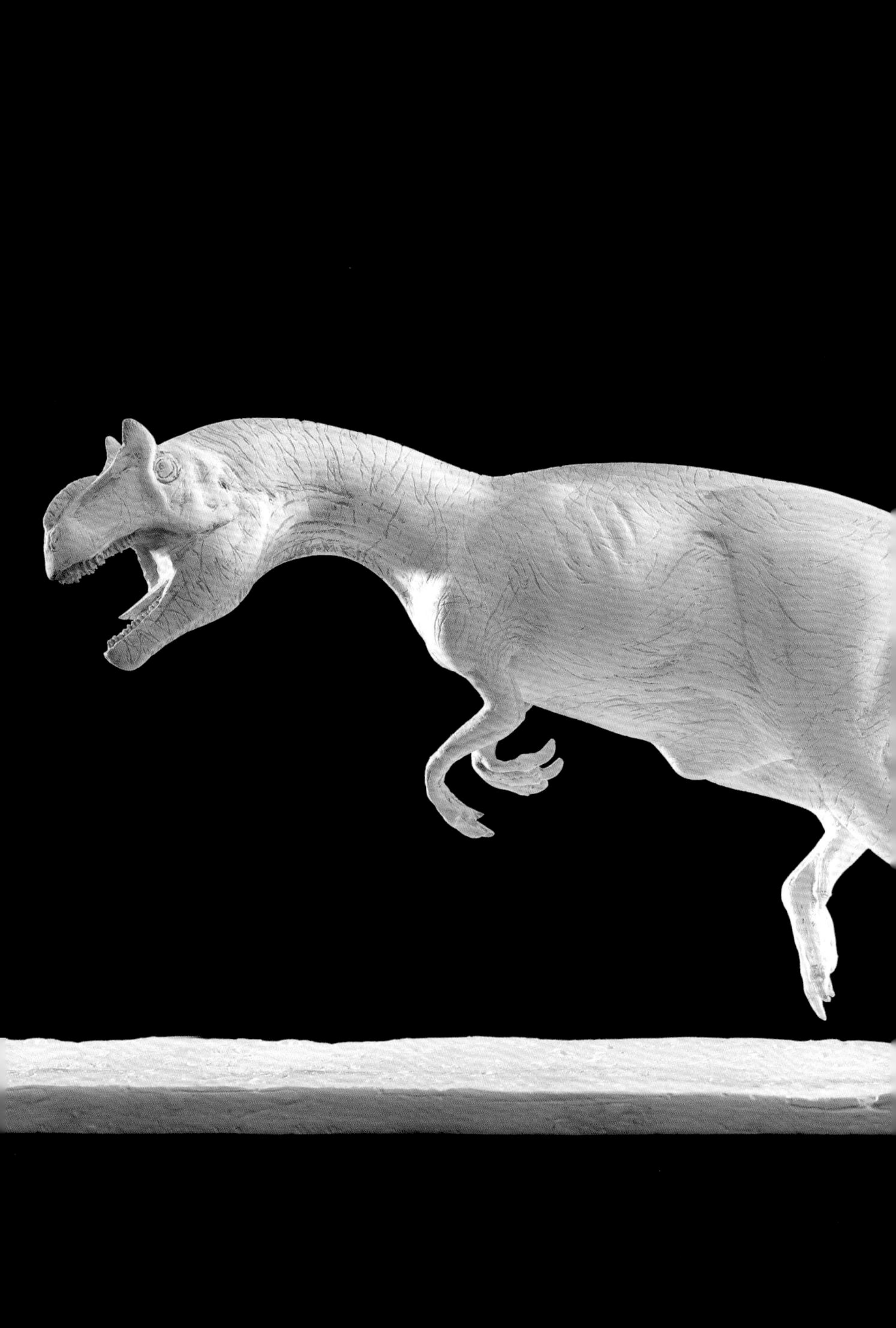

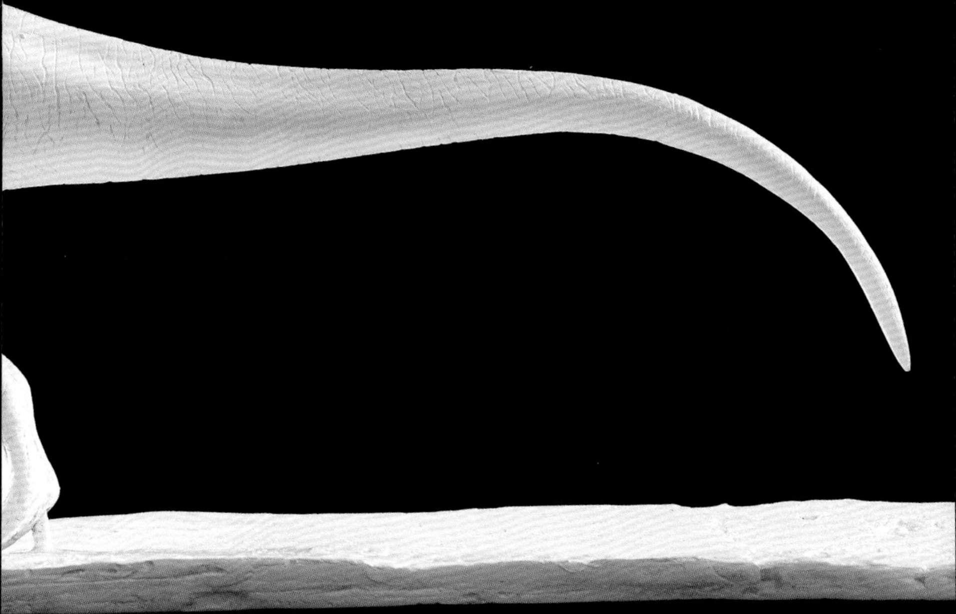

CAMILLE FLAMMARION
LE MONDE AVANT LA CRÉATION DE L'HOMME
OEUVRE de ZIMMERMANN
entièrement refondue
COMPLÉTÉE et DÉVELOPPÉE
PAUL SOUZE

重现失落王国

查尔斯·奈特从小就对自然和动物非常感兴趣，他经常临摹父亲博物书里的插图。从当时的纽约大都会艺术学院毕业之后，他找了一份为教堂设计彩色玻璃窗的工作，不过很快就转而开始全身心地用画笔记录大自然，并画了上千幅图画、素描、速写等，主要是各种自然场景和笼子里、马戏团和动物园里的各种动物。1894年，他遇到了美国自然博物馆的雅各布·沃特曼（Jacob L. Wortman，1856—1926）博士，后者正在物色一位合适的画家，为科罗拉多州中新世地层中发掘出的一种完齿兽（*Elotherium*）绘制图像。奈特的作品给沃特曼博士留下了很深的印象，进而促成了他与亨利·奥斯本之后数十年的紧密合作关系。奥斯本担任美国自然博物馆馆长长达25年之久，而且还是世界十大动物园之一的纽约布朗克斯动物园的创立者。

复原新发现的恐龙物种，并结合其生存的远古环境以壁画等艺术形式呈现，这逐渐成了一种风尚。奥斯本在其中起到了很大的推进作用。奈特的出现可谓恰逢其时。在恐龙形象的理解上，他没有受到别人绘制的错误恐龙形象的影响。而且那时候刚好恐龙化石大量出土，引发了世人的关注。1896年，奈特来到欧洲，遇到了著名雕塑家伊曼纽尔·弗雷米特（Emmanuel Frémiet，1824—1910）和让·莱昂·热罗姆（Jean Léon Gérôme，1824—1904），他们都很欣赏奈特的画作。1897年，奥斯本向古生物学家爱德华·德林克·柯普（Edward Drinker Cope，1840—1897）引荐了奈特，此后柯普向奈特讲授了他对于很多已灭绝动物的生活习性和体形特征的认识。

虽然奈特似乎更偏爱那些体形庞大、移动缓慢的蜥脚

第110页图 根据卡米耶·弗拉马利翁书中的恐龙形象制作的纸浆雕塑模型。用两只后腿站立的是剑龙，另一只是梁龙。私人收藏。

第111页图 卡米耶·弗拉马利翁著作《人类被创造之前的世界》封面图片，1886年出版，私人收藏。

对页图 1934年11月出版的美国科幻杂志《神奇故事》（*Wonder Stories*）封面图片，图中都是查尔斯·奈特画笔下人们熟知的恐龙。弗兰克·R.保罗（Frank R. Paul，1884—1963）绘。

类恐龙，但是他也画过不少体态轻盈、奔跑迅捷的兽脚类恐龙，其中最具代表性的就是《跳跃的猎杀之王》(*Leaping Laelaps*)。因为他作品中的生动表现，人们相信君王暴龙和三角龙是死敌。奈特是第一个尝试用充满活力的方式表现恐龙这种灭绝生物的艺术家，虽然有些细节可能有误。比如，他的画里恐龙生活的环境中已经有了草，而实际上，草出现在约6500万年前开始的第三纪，那时候恐龙早已灭绝。不过瑕不掩瑜，奈特的作品整体质量很高，在那些巨大而冰冷的恐龙骨架旁，图画中栩栩如生的恐龙给人们带来了另一种强烈的视觉冲击。出于化石模型重建的目的，奈特绘制了很多现代动物的解剖图，甚至还亲自动手，和标本制作师一起进行动物解剖。从19世纪90年代末至20世纪20年代，奈特基本上是这个领域唯一的艺术家，因此他的作品也成了远古动物复原图绘制领域的权威和全球标准。

从1916年起，奈特开始为美国自然博物馆的内壁绘制巨型壁画，但是当时奈特的视力很差，只有左眼勉强能看见东西，因此他先是绘制小尺寸的图案，然后由助手按比例进行放大，再绘制到博物馆的墙上。1926年，他又为芝加哥的菲尔德自然博物馆的恐龙展厅绘制了类似的壁画。第二年，菲尔德自然博物馆馆长、人类学家亨利·菲尔德(Henry Field，1902—1986）邀请奈特到法国西南部的莱塞济和西班牙的阿尔塔米拉实地考察，两地都发现了有史前人类遗迹的洞穴。此次考察的向导是法国著名考古学家亨利·步日耶（Henri Breuil，1877—1961)，步日耶同时还是一名天主教神职人员，因此也常被人称为步日耶神父。

不管是在科学还是艺术领域，奈特都做出了杰出的贡献。但是也有不少人对他的作品颇有微词，认为他的画艺术性太强、科学性不足，而另一些人的观点则刚好相反。1924年，有神职人员指责奈特和奥斯本的画是“用进化论这种歪理邪说中恐怖狰狞的猿人和怪兽形象毒害儿童的心灵”。

在1935年到1949年，奈特出版了4本通俗易懂的科普读物，介绍了很多专业知识，也提了不少建议。奈特想在佛罗里达建一座自己的“恐龙公园”，放置一些经过科学设计的恐龙雕塑，纽约的中央公园也曾请奈特为他们建造一

第114—115页图 《跳跃的猎杀之王》，查尔斯·奈特，1897年，水彩画。纽约，AMNH。这是现存最早的表现肉食性的兽脚类恐龙猎食场景的图画，画面极其灵动，猎食者和被猎食者的体态和皮肤线条处理都非常细腻。该图的创作得到了古生物学家爱德华·柯普的指导。

对页图 《皮尔森杂志》(*Pearson's Magazine*）1900年12月刊的插图，劳森·伍德（Lawson Wood，1878—1957）绘制。该幅插图直接取材自查尔斯·奈特的作品。

个以恐龙雕塑为主体的喷泉。由于没有筹集到足够的资金，这两个项目都未能实现。奈特的画作对后世影响深远，不仅影响到了兹德涅克·布里安、尼夫·帕克（Neave Parker，1910—1961）和弗兰克·弗雷泽塔（Frank Frazetta，1928—2010）等画家的绘画风格，在沃特·迪士尼（Walt Disney，1901—1966）、威利斯·奥布莱恩（Willis O'Brian，1886—1962）和雷·哈里豪森（Ray Harryhausen，1920—2013）等电影人的影片中也能看到根据奈特的图画创作改编的恐龙角色。古生物学家史蒂芬·古尔德认为，奈特创作的那些灭绝动物图画作品不仅生动、有趣，而且也很细致、准确。

“前方的空地上满是那些爬行动物，在寒冷的阴影中隐隐发出银绿色的光……鸟类和奔跑的四足动物完全不见影踪；天空中飞舞着无数巨大的飞蛾；这所有的景象似乎都在警告我们：你们来这里干什？这里不是你们人类该来的地方！”

《劳拉的水晶球之旅》[1]，法国小说家乔治·桑（George Sand）著，1865年出版。

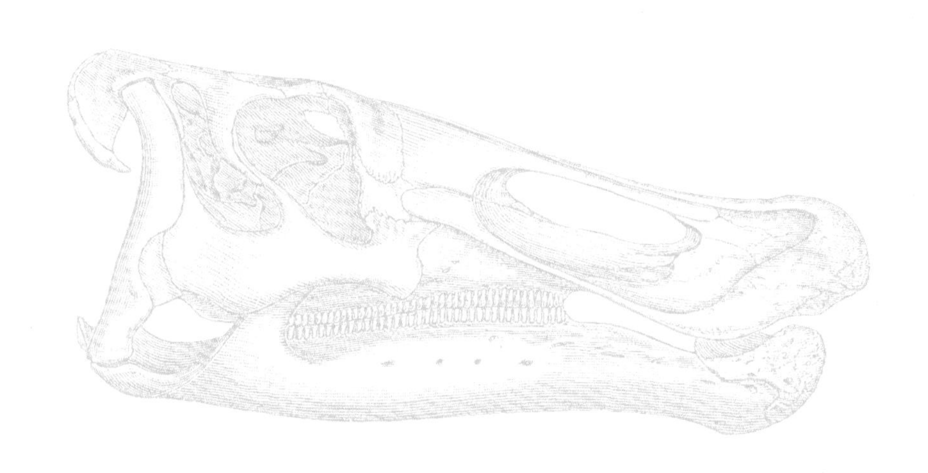

第118—119页图《查尔斯·奈特肖像画》（*Portrait of Charles R. Knight*），理查德·米尔纳（Richard Milner），1935年。维克托·迪克（Viktor Deak）2012年重新上色。私人收藏。

对页图《鸭嘴龙，长着形似鸭嘴的恐龙》（*Hadrosaurus, Duck-billed Dinosaur*），查尔斯·奈特1897年绘制。巴黎，MNHN。

①法文书名*Laura, voyage dans le cristal*。

矿藏中的历史

1878年的4月1日，从比利时西南部的蒙斯地区传来消息称，在贝尔尼萨尔的一座矿坑的322米深处发现了一具被金矿包裹的恐龙化石。发现化石的矿工是这么说的：“那是地底深处一个自然形成的坑洞，被水倒灌的可能性很大，所以很危险。我们用铁镐开路，往前掘进了十多米，就挖到了这些很奇怪的东西。它们比石头黑，比木头硬，从凿下来的碎片看很像是烧焦的圆形木头柱子。我觉得很奇怪，这些木头柱子大小尺寸都差不多，呈黑色，表面光滑，很重也很硬，看起来像是牛的肋骨，只不过要更圆一些。”

著名的地质学家和采矿工程师儒勒·科尔内（Jules Cornet，1865—1929）当时收到了这个消息，不过他以为这只是愚人节的一个玩笑，所以并未放在心上，直到一个星期以后才去现场实地察看。结果恐龙化石周围的所谓“金矿”其实是黄铁矿，也叫“愚人金”。当时比利时皇家自然博物馆的化石标本制作负责人是路易·德·波夫（Louis de Pauw），他用酒精、煮沸的明胶、丁香油和砷盐等各种溶剂对这些化石进行了处理。化石发掘工作随即展开，这期间发生过一次地震，还有山体滑坡和洪水等，因此整个发掘工作进展缓慢。尽管如此，经过3年的努力，考古学家和矿工们从这个矿坑里发掘出了130多吨骨骼化石，这也是世界上第一次有组织、大规模地开展对地底深处的完整恐龙骨骼化石的发掘。

法国政府曾经为了获得一具真实、完整的恐龙骨骼化石而悬赏100万法郎，但是贝尔尼萨尔的这个矿场反倒要向比利时政府支付2万6000法郎，只因为他们挖到的是禽龙化石，而不是煤炭。1878年到1881年这三年间，贝尔尼萨

对页图 禽龙头骨化石，后面的背景为新艺术派装饰风格的古生物学馆内部钢架建筑。

对页图《重现禽龙的行为和习性的初次尝试》（*Premier essai de reconstitution des moeurs, habitudes et attitudes des iguanodons*），路易·德·波夫，1901年，电镀雕塑复制品。巴黎，MNHN。

上图 科幻小说《被时间遗忘的土地》（*The Land That Time Forgot*），1924年，作者艾德加·R.巴勒斯（Edgar R. Burroughs，1875—1950）。这张封面图上禽龙和猛犸象出现在同一个场景中，实际上二者所处年代相隔太远，不可能同时出现。

尔一共出土了29具禽龙骨骼化石，这些化石的出土最终纠正了此前对于禽龙形象的错误理解。此前的禽龙复原过程中，人们将禽龙的拇指骨骼误认为是口鼻部上方如犀牛角一样的突起。不过，这一纠正来得没那么快。1886年，为了给卡米耶·弗拉马利翁的新书打广告，弗拉马利翁出版社印过一张宣传海报，海报上的禽龙形象仍是错误的——拇指还被当成口鼻部的尖角，体态也还是错误的“袋鼠式”。因为洪水原因，贝尔尼萨尔矿坑于1921年被关闭，但是有传言称矿坑中仍然还有化石。

1886年，比利时古生物学家路易斯·道罗（Louis Dollo）对这批化石进行了仔细的研究。道罗出生于法国，当时是比利时皇家自然科学院脊椎动物部的负责人。除了禽龙化石，同时出土的还有一些其他动物的化石，包括乌龟、鳄鱼，至少有一具两栖动物骨骼、一节斑龙的指骨，还有多达3000件鱼类化石。

对于禽龙骨骼大量聚集的原因，有多种不同的猜测。有人推测这群禽龙是为了躲避其他掠食恐龙的猎捕而逃到水中并被淹死的。道罗认为禽龙可能有着与鳄鱼类似的半水生的生活习性，因此他认为禽龙骨骼的大量积聚可能和现代人们传闻中的“大象坟场”很类似。20世纪60年代，有一种解释“大象坟场”现象的气候假说，即随着气候日渐变得干旱，很多动物最终都会聚拢在最后的水源地附近，或者是陷在其附近的泥沼里，因此其尸骨比较集中。不过现在比较流行的理论是该处至少有3次较大规模的骨骼沉积，前后间隔约几百年。2015年时，比利时蒙斯的地质学家让-马克·博埃勒（Jean-Marc Baele）提出了另一种理论，即这些禽龙也可能死于硫化氢中毒。

1880年，在道罗的指导下，第一具禽龙骨骼化石开始复原安装。化石安装地点是布鲁塞尔纳索宫的圣乔治小教堂，那个小教堂当时被比利时皇家自然科学院专门用于化

第126—127页图 英格兰的提尔盖特采石场的化石挖掘场景速写图，作于1822年。图中坐着指导工人进行发掘为英国地质学家、古生物学家吉迪恩·曼特尔（Gideon Mantell，1790—1852）。

上图 吉迪恩·曼特尔的肖像画。他的妻子玛丽·A.曼特尔（Mary A. Mantell，1799—1847）发现了第一颗恐龙牙齿化石，当时的古生物学家认为这颗牙齿化石属于一只体长约60米的巨型鬣蜥。曼特尔将这种动物命名为禽龙，其属名*Iguanodon*的含义其实就是“鬣蜥的牙齿”。

对页图 贝尔尼萨尔禽龙（*Iguanodon bernissartensis*，鸟臀目，禽龙科）化石的石膏模型，早白垩世（1亿2500万年前），发掘于比利时贝尔尼萨尔煤矿，7.75米×1.65米×3米。巴黎，MNHN。

石组装。道罗将禽龙鼻部的尖角放置到了前爪的正确位置，并在体态的复原过程中结合了鸵鸟模式和袋鼠模式的特点。他复原的禽龙骨骼化石呈双足站立姿态，其骨盆的解剖结构与鸵鸟等大型奔跑型鸟类很相似，但也具有某些爬行类动物的特征。托马斯·亨利·赫胥黎（Thomas Henry Huxley, 1825—1895）在1865年首次阐述了这种形态学关系，当时他在比较斑龙和鸵鸟的后肢骨骼时发现了二者在骨盆形态上有很多相似之处。

禽龙体长可达10米，体重可达3到4吨。英国古生物学者大卫·诺曼（David Norman，1952—）是禽龙研究方面的专家，他在1980年将这些禽龙骨骼模型进行了复原，改成了一种更适应缓慢行走的四足站立体态。不过，有古生物学者认为，遇到特殊情况时禽龙可能也会直立起来，只用两条后腿小跑。诺曼没有将所有的禽龙骨骼化石模型都重新安装，因此有些还保持着初始的姿态。

第130—131页图 一件禽龙石膏模型，本杰明·霍金斯制作。巴黎，MNHN。
第132—133页图 1835年出版的《散文与诗歌中的素描》（*Sketches in Prose and Verse*）中的速写，乔治·沙夫（George Scharf，1788—1860）。早在1855年，理查德·欧文就提出过禽龙鼻部的那个尖角位置可能是错的。但是直到1871年，恐龙化石猎手塞缪尔·比克尔斯（Samuel Beckles，1814—1890）发现的化石才证实了这个位置的错误。
对页图 贝尔尼萨尔禽龙骨骼化石的完整侧视图。巴黎，MNHN。

下图 奥地利古植物学家、古生物学家弗朗兹·冯·昂格尔1851年出版的《原始世界的不同形成时期》（*The Primitive World in its Different Periods of Formation*）中的一幅插画，作者是奥地利画家约瑟夫·库瓦斯科（Joseph Kuwasseg，1799—1859）。

1883年7月，在圣乔治小教堂的院子里，工人们围绕安装好的第一具禽龙化石搭了一个很大的玻璃柜子，方便向外界展示。很快，第二具禽龙骨骼和一件单独的头骨也安装完毕，同时展出的还有一些鳄鱼和乌龟的骨骼化石，以及一张展示化石发掘地点的平面图。到了1899年，已经有5具完整的禽龙化石放在玻璃柜子里供外界观看。1902年，在教堂旁边专门开辟了一块展区，用于展示比利时地区发掘出的丰富的远古动物化石。展区中有12具完整的化石，在人工设计的壕沟里有8具倒卧的残缺化石，这是为了重现它们发掘出土时的实际姿态。另外还有11具的姿态进行了专门设计，以展现它们活着的时候的样子。由于化石上的黄铁矿氧化导致化石发生损坏，因此在1933年至1937年间，这些化石标本相继被拆解进行保护处理，然后被装进有特殊的空气调节装置的玻璃柜子里。在二战期间，这些化石再度被拆解，后来又重新安装、修复。最近的一次修复是在2002年。

阿尔伯特·高德里是当时的法国国家历史博物馆馆长，他想要为馆里添置这么一具真正的、完整的禽龙化石标本，不过他的这个请求遭到了比利时人的强烈反对。比利时的各家媒体一致对高德里进行了口诛笔伐，显然比利时人不愿意把这个禽龙骨骼化石群中的任何一具标本送给别人，更何况高德里提出的交换条件也不太对等，只是一堆贝类化石。最终，法国人只得到了一具禽龙骨骼化石的复制模型，这具复制品于1899年1月13日抵达巴黎。1909年，为了纪念达尔文诞辰100周年，比利时国王利奥波德二世向剑桥捐赠了一具禽龙化石复制模型。后来禽龙化石复制模型也被陆陆续续地送到了其他一些国家和地方，包括牛津、伦敦、拉普拉塔（阿根廷）、莫斯科和纽约等。

上图 卡米耶·弗拉马利翁著作《人类被创造之前的世界》中的插图，插图作者J.利维（J. Lévy）。图中为禽龙和斑龙的搏斗场景，这也是画家们最喜欢表达的关于恐龙的主题之一。

对页图《人类被创造之前的世界》宣传海报（1885年）。

第140—141页图《禽龙》（*Iguanodon*），兹德涅克·布里安，1962年。

CAMILLE FLAMMARION
LE
MONDE
AVANT LA
CRÉATION
DE L'HOMME
ŒUVRE DE ZIMMERMANN
REVUE & COMPLÉTÉE
Nombreuses Figures
Paysages Antédiluviens
Chromolithographies
LA LIVRAISON
10c.
LA SÉRIE
50f.
C. MARPON & E. FLAMMARION
ÉDITEURS
RESSUCITÉ, IL DÉPASSERAIT CINQ ÉTAGES!!

上图 在巴黎特罗卡迪罗广场举办的1900年巴黎世界博览会的宣传海报。从海报上可以看到此次盛会中的一些场景，其中就包括一只禽龙的雕塑。

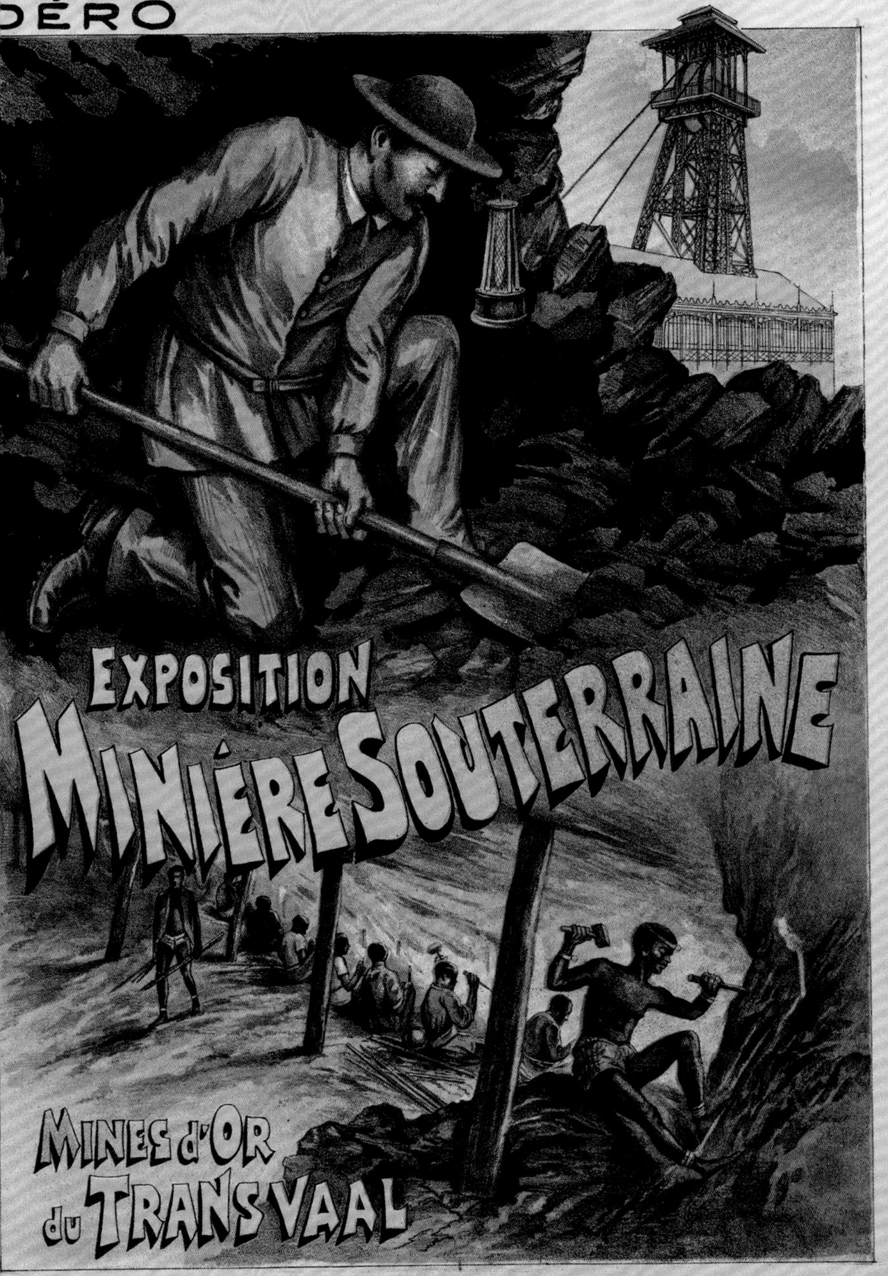
VERSELLE 1900
DÉRO
EXPOSITION
MINIÉRE SOUTERRAINE
MINES d'OR
du TRANSVAAL

上图 1911年出版的英国自然学家亨利·H.哈钦森（Henry N. Hutchinson，1856—1927）的著作《地球上曾经生存过的怪兽和动物》（*Extinct Monsters and Creatures of Other Day*）中的插画，作者是荷兰古生物学插画家约瑟夫·斯密特（Joseph Smit，1836—1929）。画中是一只双足站立的禽龙，其鼻部的尖刺已经不见，并出现在了正确的位置，也就是图中两只前爪上的拇指。

对页图 图为1882年布鲁塞尔的圣乔治小教堂里，工人们在路易斯·道罗的指导下安装世界上第一具贝尔尼萨尔禽龙化石。利昂·贝克尔（Léon Becker，1826—1909），1884年。现存于布鲁塞尔的比利时皇家自然科学研究所。

上图 路易·菲吉耶1862年出版的小说《大洪水前的世界》（*La Terre avant le Déluge*）中的插图，作者是著名插画家爱德华·里乌。关于史前动物的插画中，曾经有两个主题持续流行了几十年，一个是海洋中的蛇颈龙和鱼龙的争霸，还有一个就是恐龙世界中的禽龙和斑龙之战。

e. (Période crétacée inférieure.)

CHAIRE
DE
PALEONTOLOGIE

“那只禽龙正在湖中悠闲地游来游去，它看起来很像是蜥蜴的一种，体长约有55英尺（约16.76米），覆盖全身的鳞片上闪着耀眼的光芒。它的眼睛也很亮，但是眼神很柔和，而且它的脾气也很温驯，海藻和岸边的水草是它所有的食物来源。”

《人类出现以前的巴黎》[1]，皮埃尔·博尔特（Pierre Boitard）著，1836年出版。

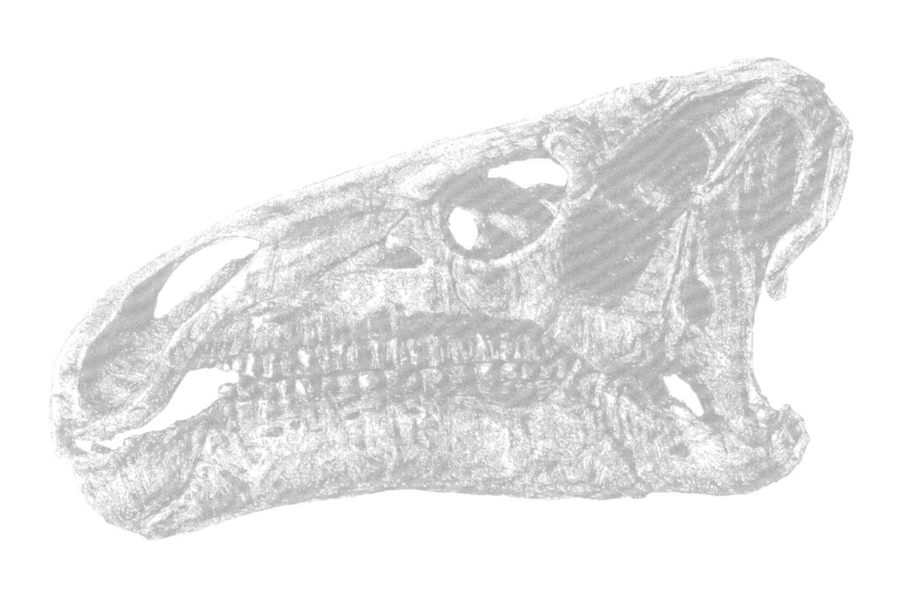

对页图 法国国家自然博物馆中的贝尔尼萨尔禽龙化石后视图，这是一具复制模型，所以很显然，它的色泽和贝尔尼萨尔煤矿中的愚人金并无关联。巴黎，MNHN。

① 法文书名*Paris avant les Hommes*。

三角龙之舞

古生物学馆中的这件三角龙头骨化石是发掘于美国怀俄明州的原始标本，自1912年10月在博物馆对外展出。尽管其尺寸不小，但实际上这只三角龙尚未成年。这件标本是马塞林·布列从美国化石猎人查尔斯·H.斯腾伯格（Charles H. Sternberg，1850—1943）手上买来的，花费了博物馆1000美元。斯腾伯格起初是一名古生物学者，后来成了专职化石猎人，其重要主顾就是古生物学家爱德华·柯普和奥塞内尔·马什。为了争夺更多新的化石发现，柯普与马什之间爆发了一场旷日持久"化石战争"。为了争夺更多、更新的化石发现，尤其是恐龙化石，柯普与马什之间爆发了一场旷日持久的激烈竞争，也就是人们所说的"化石战争"(Bone Wars)，也即"骨头大战"。奈特在给这具三角龙头骨化石所绘制的第一幅画中提到了奇迹龙属（*Agathaumas*），这个属是由柯普在1872年首次命名的。在1872年和1874年，柯普分别描述了奇迹龙属的两个种。虽然奇迹龙是角龙科中最早被发现和描述的恐龙，但因化石过于残缺，其属名已经成为疑难学名，实际上已经废弃。1889年马什首次描述了三角龙属，使其成为角龙科家族的一员。从图中可以看出，包括牛角龙（*Torosaurus*）在内的角龙科恐龙都长着奇特的颈盾。它们的角和颈盾有什么作用？是用来防御，还是单纯的装饰？美国古生物学家杰克·霍纳（Jack Horner，1946— ）提出牛角龙可能并非独立的属，而是完全成年后的三角龙。牛角龙的颈盾上有较大的孔洞。目前已经出土了比较丰富的三角龙骨骼化石，而且都与君王暴龙位于相同的沉积位置，比如蒙大拿州的地狱溪组地层，因此自查尔斯·奈特以来的很多古生物学艺术家都将三角龙和君王暴龙描绘成一对宿敌。

对页图 皱褶三角龙（*Triceratops horridus*，鸟臀目，角龙科）头骨细节，晚白垩世（6600万年前），原始标本，2.10米×1.14米×1.62米。巴黎，MNHN。

第152—153页图 纸面水粉画《三角龙》(*Triceratops*)，尼夫·帕克，1960年，现存于伦敦自然博物馆。帕克的恐龙绘画作品得到了英国古生物学家威廉·埃尔金·斯文顿（William Elgin Swinton，1900—1994）的专业指导。

第154—155页图 三角龙小雕像，查尔斯·奈特，1907年，60厘米×20厘米×24厘米。巴黎，MNHN。

第156—157页图 三角龙画像，兹德涅克·布里安，1955年。

PARKER

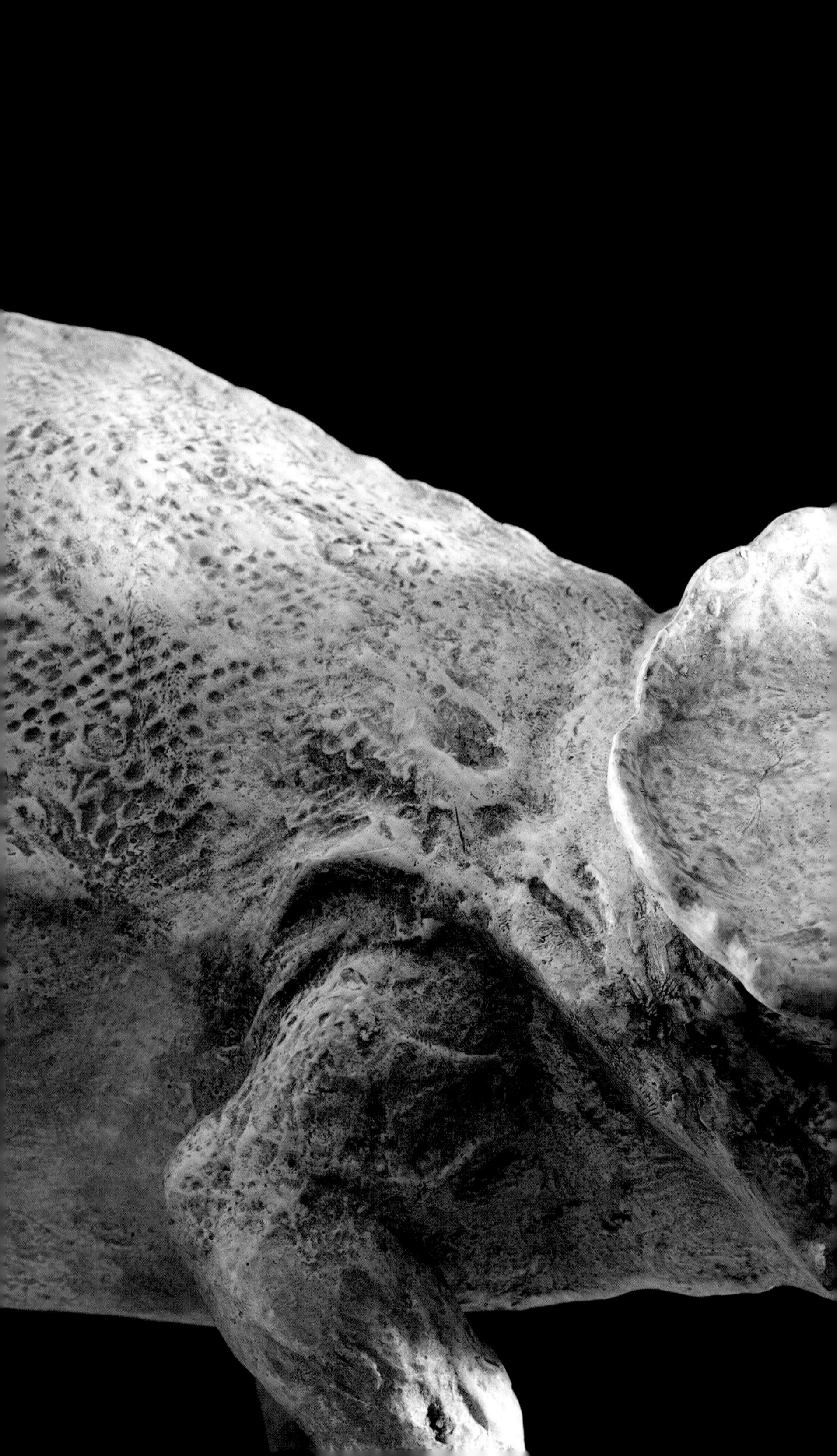

“这些第四纪的生物们从漫长的冰冻中醒来，却发现这虚假、短暂的复活之后才是永久的死亡。它们本已年老力衰，而且属于它们的繁盛年代距今已有数万年之久，人类呼吸的自由空气和享受的和煦春光对它们而言却是难以承受的恶劣环境。于是，它们很快相继死去，这个全新的世界没有这些远古生物的立足之地。”

《巴黎历险记》①，儒略·勒米纳（Jules Lermina）著，1910年出版。

上图 亨利·H.哈钦森1892年出版的著作《灭绝的怪兽》（*Extinct Monsters*）中的插图，约瑟夫·斯密特绘。这是那段时期唯一的一幅比较准确地表现三角龙特征的复原图。

对页图《皮尔森杂志》1900年12月刊的一幅插图，该图中的三角龙轻快地小跑使得其嘴角上扬，看起来像是在微笑。劳森·伍德绘。

①法文书名*L'Effrayante Aventure*。

第160—161页图 奇迹龙图像，查尔斯·奈特，1901年，现存于纽约美国自然博物馆。1925年美国导演哈里·O.霍伊特（Harry O. Hoyt，1885—1961）执导的黑白电影《失落王国》中的小玩偶道具就是根据这幅画制作的。

AWSON
WOOD
1900

用画笔描绘史前世界

兹德涅克·布里安出生于捷克的摩拉维亚，该地区因盛产化石而闻名，或许这也是布里安对史前生物感兴趣的原因。布里安只在布拉格美术学院学习了一年，因此他声称自己的绘画技巧主要来源于自学。受生计所迫，布里安做过很多工作，包括建筑工、搬运工等，甚至有一段时间穷困潦倒到只能露宿荒野。自1927年起，他开始为儿童杂志画插画，在30年代为一些捷克和美国作家的书绘制插图，那些书的主题有很多是关于美国西部开拓的。他还先后为很多著名作家的翻译版作品配过图，包括儒勒·凡尔纳、大仲马（Alexandre Dumas，1802—1870）、杰克·伦敦（Jack London，1876—1916）和拉迪亚德·吉卜林（Rudyard Kipling，1865—1936）等。

1941年，布里安开始了和古生物学家约瑟夫·奥古斯塔（Josef Augusta，1903—1968）的合作，后者一直致力于向大众进行古生物学科普，两人的合作一直持续到奥古斯塔的离世。因为布里安无法获得足够的第一手化石资料，因此他从查尔斯·奈特的作品中得到了很多启发。奈特出版的主要著作和画作包括《史前动物》（*Prehistoric Animals*，1956）、《史前人类》（*Prehistoric Man*，1960）、《史前爬行动物和鸟类》（*Prehistoric Reptiles and Birds*，1961）、《猛犸象之书》（*A Book of Mammoths*，1963）、《史前海中怪兽》（*Prehistoric Sea Monsters*，1964）、《怪兽时代》（*The Age of Monsters*，1966）、《人类出现之前的世界》（*Life Before Man*，1972）和《人类的黎明》（*The Dawn of Man*，1978）等。布里安也一直在为儿童故事书绘制插图，包括1955年出版的《鲁滨逊漂流记》（*Robinson Crusoe*）和60年代末的《人猿泰山》（*Tarzan*）等。

对页图《特暴龙》（*Tarbosaurus*），兹德涅克·布里安，1970年。

布里安为超过500种书籍、杂志和各种文章绘制了超过15,000幅插图，虽然其中只有约500幅和史前生物等古生物学主题相关，但也足以令他成为史前生物重构方面最主要的艺术家之一。从20世纪的六七十年代开始，几乎在全世界的博物馆都能找到其原作或复制作品。布里安的绘画风格比较传统，他对风景、海浪和植物等的描绘都有很强的超级现实主义风格。布里安还是捷克历史上画作重印第二多的画家，仅次于阿尔丰斯·穆夏（Alfons Mucha，1860—1939）。捷克著名导演卡尔·齐曼（Karel Zeman，1910—1989）执导的儿童科幻动画片《史前探险记》中的很多形象设计都来自布里安的画作。

对页图 插画《角鼻龙和剑龙》（*Ceratosaurus and Stegosaurus*），兹德涅克·布里安，1955年。
左图《鸭嘴龙》（*Hadrosaurus*），兹德涅克·布里安，1955年。

“沿着灯光照射的方向，我们看到了水面上正游动着一个令人难以置信的怪兽。它的相貌非常奇特，头部有点像犀牛，但是要大上三四倍，而且它的口鼻部上方有三只巨大而弯曲的角，不像犀牛只有一只。此外，它的额部、双眼后方和躯干部位都覆盖着亮闪闪的棕色硬甲。”

出自法国作家何塞·莫赛利（Jose Moselli）的“怪兽”（Le Monstre）一文，刊载于1913年11月16日出版的法国儿童漫画杂志《勇敢》（*L'Intrépide*）上。

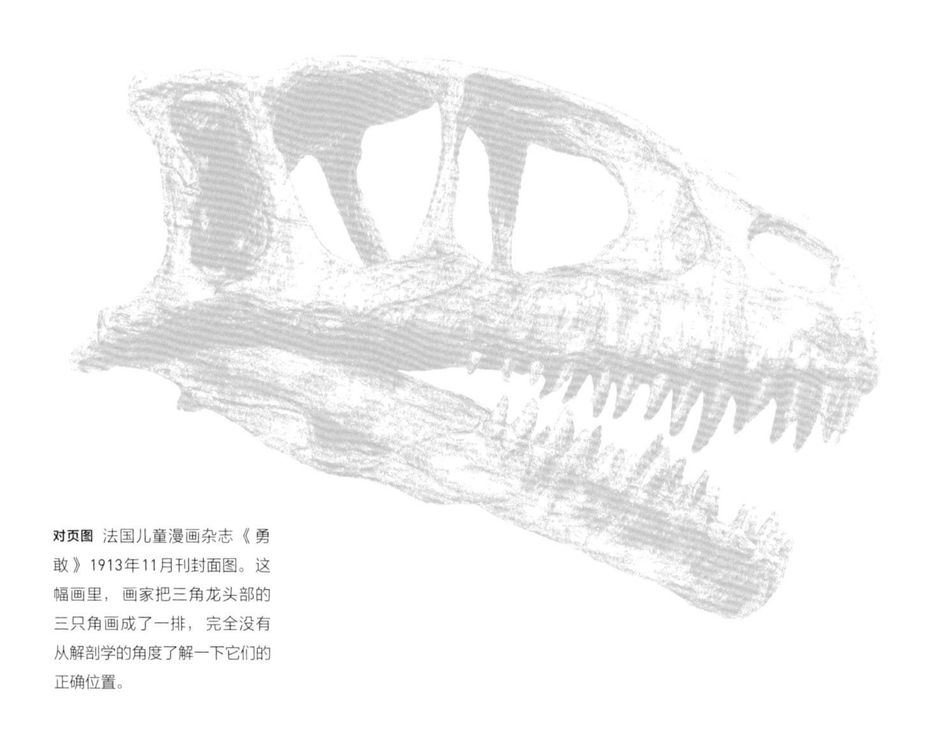

对页图 法国儿童漫画杂志《勇敢》1913年11月刊封面图。这幅画里，画家把三角龙头部的三只角画成了一排，完全没有从解剖学的角度了解一下它们的正确位置。

QUATRIÈME ANNÉE. — N° 183. CINQ CENTIMES Dimanche 16 Novembre 1913.

l'Intrépide

AVENTURES VOYAGES EXPLORATIONS

PUBLICATIONS OFFENSTADT, 3, rue de Rocroy, PARIS. par An.

LE MONSTRE

Douglas se redressa et poussa un cri strident. (*Voir page 2.*)

Georges OFFENSTADT, Directeur.

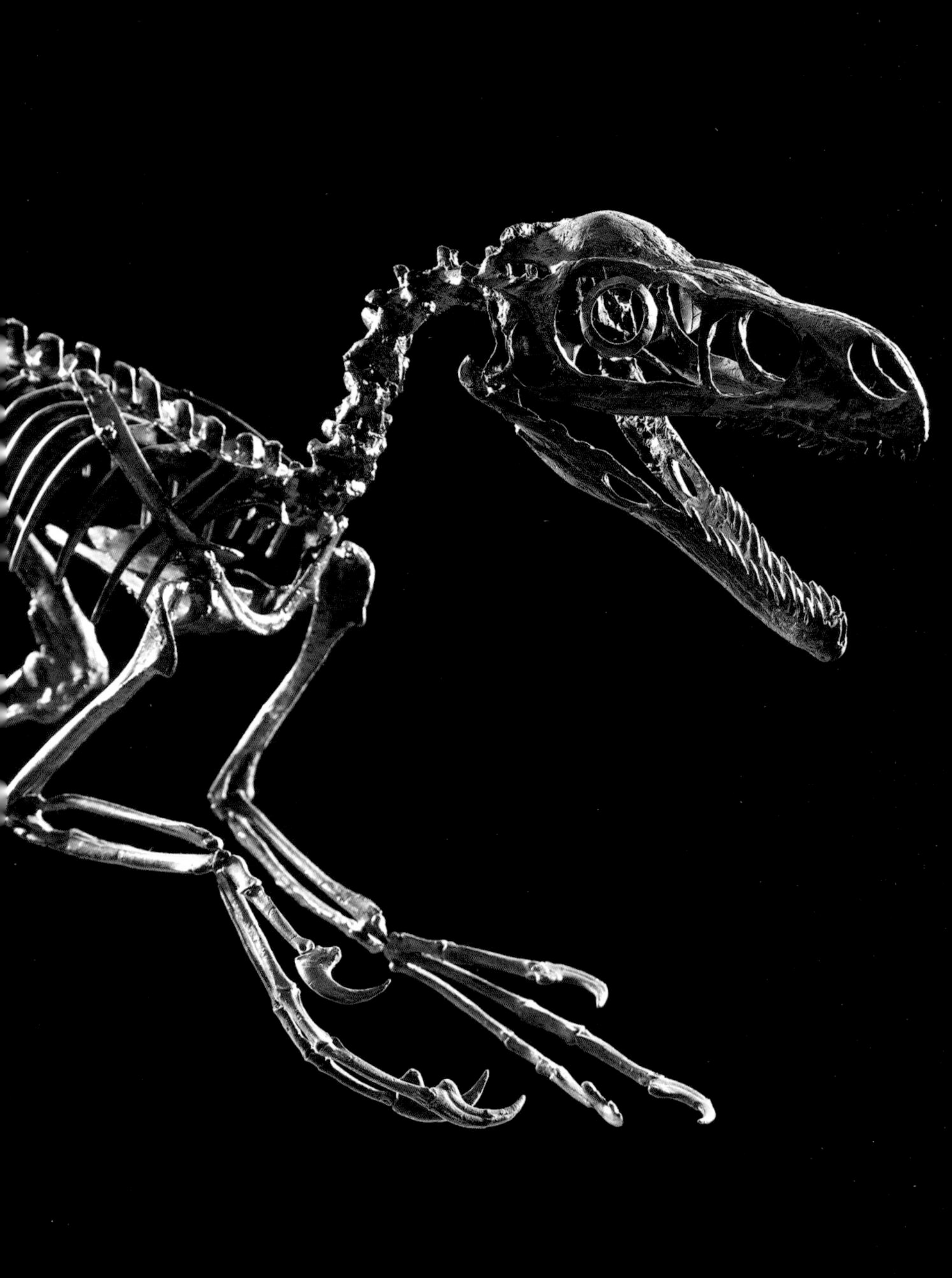

令人生畏的迅猛龙

在《侏罗纪公园》中有这么一群“奔跑的蜥蜴”，人们更喜欢称其为“迅猛龙”（raptor），在古生物学馆里就有它们的详细介绍。它们与亲缘关系较近的半鸟龙（*Unenlagia*）、驰龙（*Dromaeosaurus*）和斑比盗龙（*Bambiraptor*）同属于身体结构与鸟类相似的驰龙科。在白垩纪，驰龙科恐龙数量繁盛，足迹遍布地球的各个角落。它们的主要特点是前肢较长，三根细长的手指前端都长着利爪，后肢足部的尖爪更是如镰刀一般令人生畏。1998年，古生物学家让·勒·洛夫（Jean Le Loeuff）和埃里克·比弗托（Éric Buffetaut）在法国发现了另外一种驰龙科恐龙的化石，并将其命名为麦凯因瓦尔盗龙（*Variraptor mechinorum*）。

科马约半鸟龙（*Unenlagia comahuensis*）骨骼化石发掘于阿根廷巴塔哥尼亚地区的拉科洛尼亚组地层，其所处地质年代距今约9200万年至9700万年。其属名*Unenlagia*的意思是“半鸟”，种加词*comahuensis*指其发现的地点是巴塔哥尼亚西北部。科马约半鸟龙化石出土于1996年，这是南半球发现的第一种迅猛龙。1997年，费尔南多·E.诺瓦斯（Fernando E. Novas）和帕布罗·F.佩亚达（Pablo F. Puerta）在科学杂志《自然》上发表了科马约半鸟龙化石发现的论文。由于该化石并不完整，缺少了头骨，因此科马约半鸟龙复原模型的头骨部分其实并非是根据真实化石复制的。从化石来看，科马约半鸟龙的盆骨和前肢的特征与鸟类很相似，但是其体长大约有2米，因此科学家推测其并不具备飞行的能力。

（本节未完，后续内容见第174页）

对页图 由14岁男孩发现的费堡氏斑比盗龙（*Bambiraptor feinbergi*），发掘于蒙大拿州晚白垩世地层。树脂模型，100厘米×15厘米×37厘米。巴黎，MNHN。

第170—171页图 科马约半鸟龙，发掘于阿根廷晚白垩世地层。树脂模型，210厘米×60厘米×120厘米。巴黎，MNHN。

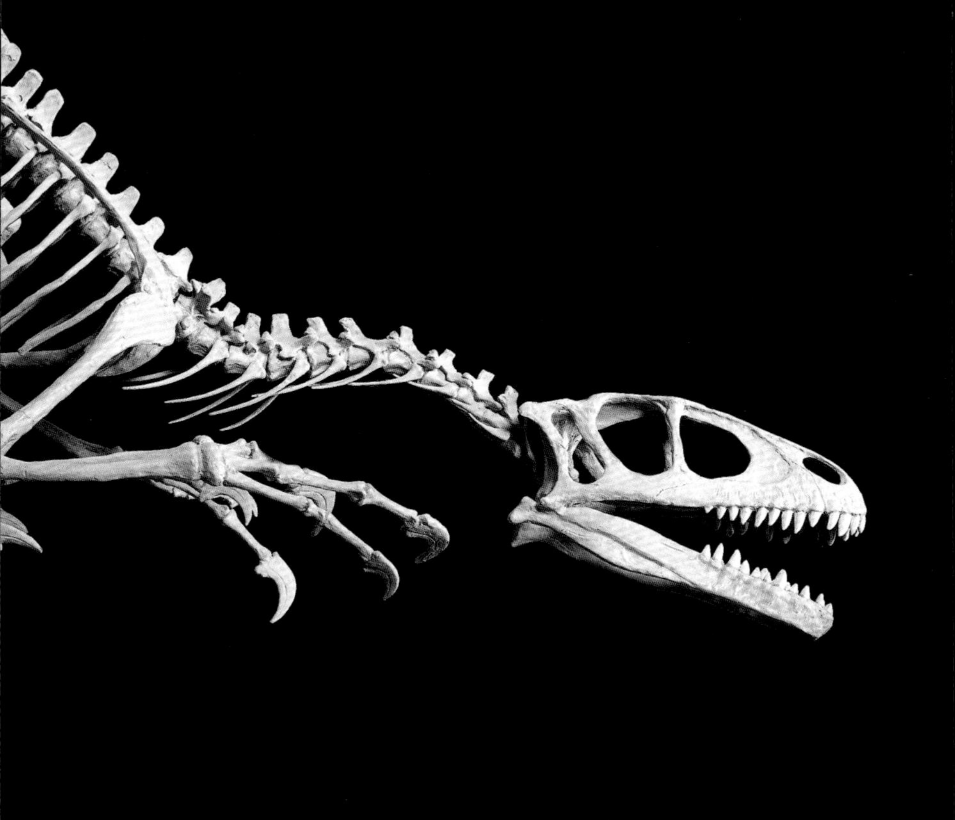

下图 图画《沙漠中来自恐龙时代的发现》(*Desert Discovery during the Age of the Dinosaurs*)，刊载于英国儿童绘本《看与学》(*Look and Learn*)，1980年11月刊。图中展现的是原角龙(*Protoceratops*)和伶盗龙正为了一窝恐龙蛋在搏斗。故事主题要追溯到20世纪70年代，在中国西北部的戈壁沙漠（大戈壁）里发现了一些恐龙蛋化石，但化石蛋对应的究竟是植食性恐龙还是肉食性恐龙一直没有明确结论，于是引发了图中原角龙和伶盗龙争蛋这样的艺术想象。

（接第169页）

费堡氏斑比盗龙是在1995年由一个14岁的美国小男孩维斯·林斯特（Wes Linster）发现并命名的，当时他正与家人一起在蒙大拿州的冰川国家公园寻找恐龙化石。他将这具恐龙命名为“斑比”（Bambi，源自迪士尼动画片《小鹿斑比》）。这只小恐龙生活在约7300万年前，重不过5千克，身高只有90厘米。据估计，成年的斑比盗龙身高大约1.3米。

“这种人们从未见过的生物曾漫步在神秘的地球表面，它们究竟来自何方？”

《巴黎行人》[1]，莱昂-保尔·法尔格（Léon-Paul Fargue）著，1932年出版。

下图 驰龙，发掘于加拿大晚白垩世地层。树脂模型，210厘米×38厘米×102厘米。巴黎，MNHN。

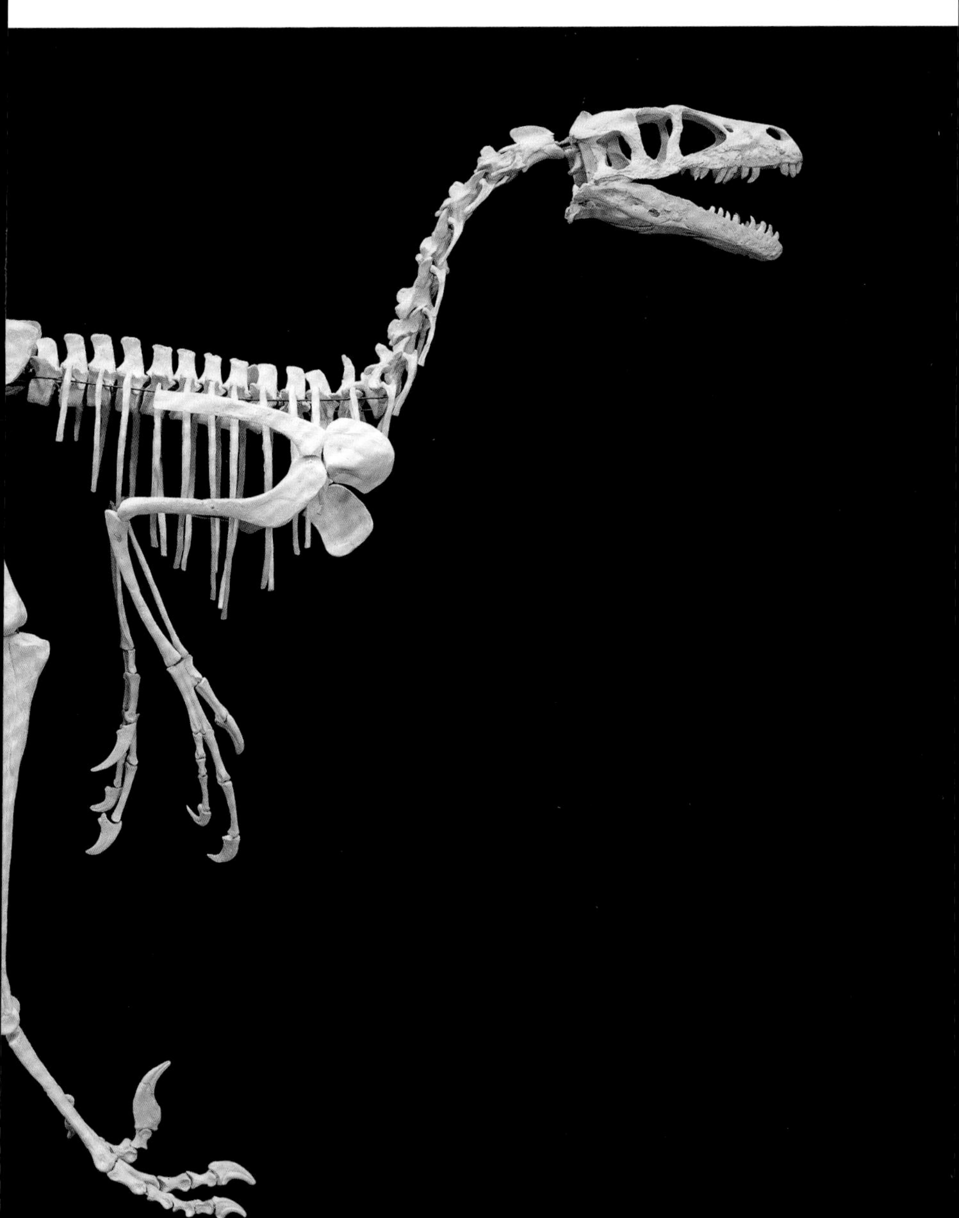

①法文书名*Le Piéton de Paris*。

白垩纪的霸主

残暴的君王

法国国家自然博物馆古生物学馆中的君王暴龙化石模型是根据巴纳姆·布朗（Barnum Brown，1873—1963）发现的暴龙化石重建而成的。19世纪末期，布朗曾经在怀俄明州的美国自然博物馆工作过一段时间，后来他带领探险队到蒙大拿州的地狱溪组地层进行发掘，并在1902年出土了第一具君王暴龙化石。古生物学馆中的君王暴龙头骨化石在很长一段时间里都是世界上最著名的暴龙化石，直到1990年的夏天，美国古生物学家苏·亨德里克森（Sue Hendrickson，1949— ）在南达科他州发掘出了后来以他名字命名的更大、更完整的君王暴龙化石。这只名叫“苏”的君王暴龙现在是芝加哥的菲尔德自然博物馆的永久成员，其体长近13米，臀部高度约4米，化石完整度达到百分之九十，它是菲尔德自然博物馆1997年10月从索斯比拍卖会上竞拍获得的。

蒙古之王

勇士特暴龙（*Tarbosaurus bataar*），发掘于亚洲，是君王暴龙的远亲，生存于约7200万年前的晚白垩世期间。其属名*Tarbosaurus*的意思是“令人惊恐的蜥蜴”。特暴龙体形比君王暴龙稍小，体长在10米至12米之间，但这两种暴龙相似度很高，因此经常被混淆。暴龙的前肢都非常短小，其究竟有什么作用一直令科学家们感到困惑。暴龙究竟是凶残的掠食者还是投机的食腐动物也曾一度是人们热议的话题，不过现在基本上不会有人认为暴龙是食腐动物了。

对页图 对页图　君王暴龙头骨细节。巴黎，MNHN。

第178—179页图 君王暴龙（兽脚类恐龙，暴龙科）头骨，发掘于美国蒙大拿州。重建模型，140厘米 × 92厘米 × 100厘米。巴黎，MNHN。

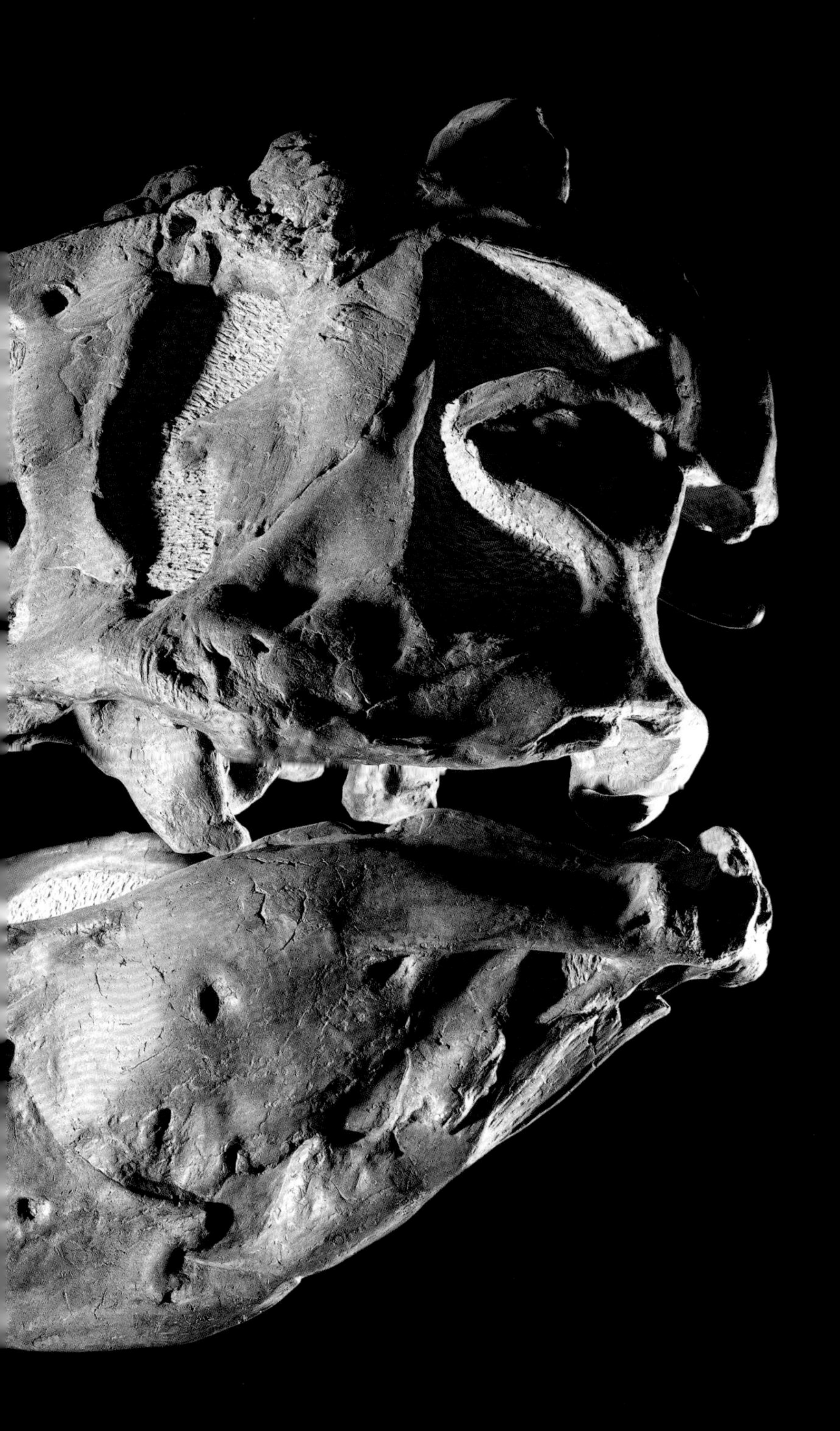

NEAVE
PARKE

“格兰特感到头晕目眩，心脏怦怦直跳。那个大家伙离他是如此之近，以至于格兰特都能闻到这个凶残的食肉动物口中散发出的血腥气息和令人作呕的腐肉味道。”

《侏罗纪公园》，迈克尔·克莱顿（Michael Crichton）著，1990年出版。

对页图 君王暴龙，尼夫·帕克，1960年，纸面水粉画。现存于伦敦自然博物馆。

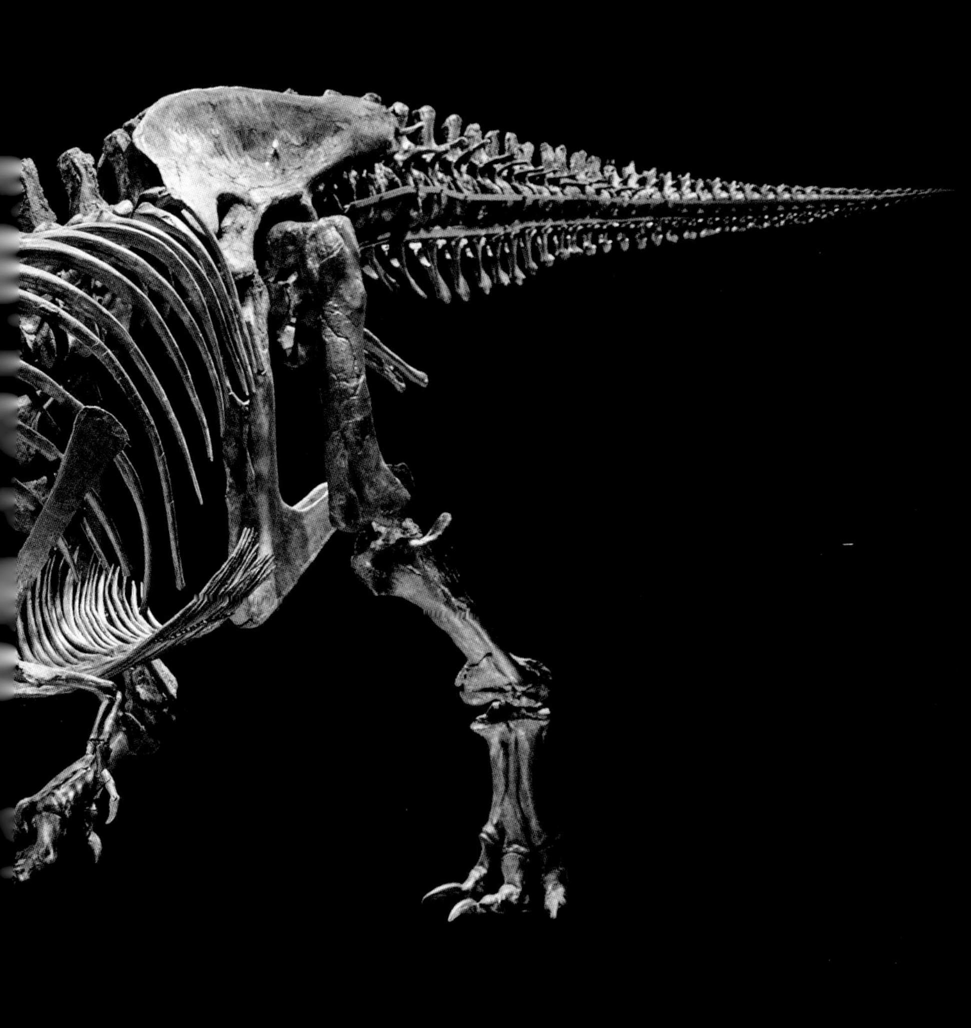

第182—183页图 君王暴龙“特里克斯”标本，现展出于荷兰莱顿市的自然生物多样性研究中心。这具暴龙化石2013年出土于蒙大拿的地狱溪组地层，是由美国和荷兰的古生物学家共同发掘的。从图中可以看出这具暴龙化石的姿态有点特别，与其他化石不太一样，这是因为其头骨太大，采取头部靠近地面的低位姿态可以保证头骨原始化石不被破坏，能完整地安装陈列。

第184—185页图 古生物学馆大厅内陈列的化石。图中的几具化石，空间相隔不过数米，时间跨度却是数千万年，从爬行动物时代（中生代）直到哺乳动物时代（新生代）。巴黎，MNHN。

对页图 兰斯矮暴龙（*Nanotyrannus lancensis*），头骨化石模型，58厘米×30厘米×33厘米。现在也有研究认为矮暴龙可能只是未成年的君王暴龙。巴黎，MNHN。

20世纪40年代末期，苏联和蒙古科学家组成的联合考察组在位于蒙古戈壁沙漠的纳摩盖吐组（Nemegt Formation）地层发掘出了不少恐龙头骨和躯干骨骼化石，该地层也因此被外界称为“恐龙山谷”，其年代大约为恐龙灭绝之前300万年。其后，波兰、蒙古、日本和加拿大等国也纷纷组织了科学家到纳摩盖吐组进行化石发掘。

波拿巴巨兽

萨氏食肉牛龙（*Carnotaurus sastrei*）属于阿贝力龙科（*Abelisauridae*），化石发掘于阿根廷的巴塔哥尼亚，其属名*Carnotaurus*的意思就是“食肉的牛”。食肉牛龙生活于约7000万年前的晚白垩世，化石出土于1984年，由何塞·波拿巴（José Bonaparte）描述和命名。波拿巴在阿根廷发现了大量恐龙化石，对阿根廷的古生物学发展产生了深远影响。食肉牛龙体长8到9米，身高约3.5米，前肢极其短小，高度退化，但是居然还有4根手指，相比之下暴龙科恐龙前肢要长一些，但是手指只有2根。此外，食肉牛龙的双眼位置比较靠前，因此科学家推测其可能有一定程度的双眼视觉，不过不如君王暴龙那么好。

君王暴龙“特里克斯”

2013年在蒙大拿州发掘出土的暴龙骨骼化石完整度接近百分之八十，在目前发掘出的暴龙化石中排第3位。古生物学家们鉴定这只暴龙死亡时已经超过30岁，而且从骨骼伤痕来看，很明显其一生中经受过多次外伤。其重建模型中的部分缺失的骨骼是使用3D技术从另一只暴龙“苏”身上复制来的。这具暴龙化石被命名为“特里克斯”（*Trix*）有两个原因，一是向第一具暴龙化石“特雷克斯”（*T. rex*）的名字致敬，二是为了向刚刚退位的荷兰女王比阿特丽克斯（Beatrix，1980至2013年期间在位）表达敬意。2018年夏季，特里克斯曾在法国国家自然博物馆进行过展出。

上图 科幻电影《金刚》，美国雷电华影片公司1933年出品，欧尼斯特·B.舍德萨克（Ernest B. Shoedsack，1893—1979）和梅里安·C.库珀（Merian C. Cooper，1893—1973）联合执导。影片里有一个远离人类世界的骷髅岛，岛上有巨大的猩猩和凶猛的恐龙，它们之间经常会产生激烈的搏斗。

下图 君王暴龙与三角龙之战，查尔斯·奈特，1900年，现存于纽约的美国自然博物馆。这幅复原图是在巴纳姆·布朗指导下完成的，也开创了君王暴龙与三角龙之战这一艺术主题。

第192—193页图 勇士特暴龙，发掘于蒙古的晚白垩世地层。化石模型，3.20米×2.25米。巴黎，MNHN。

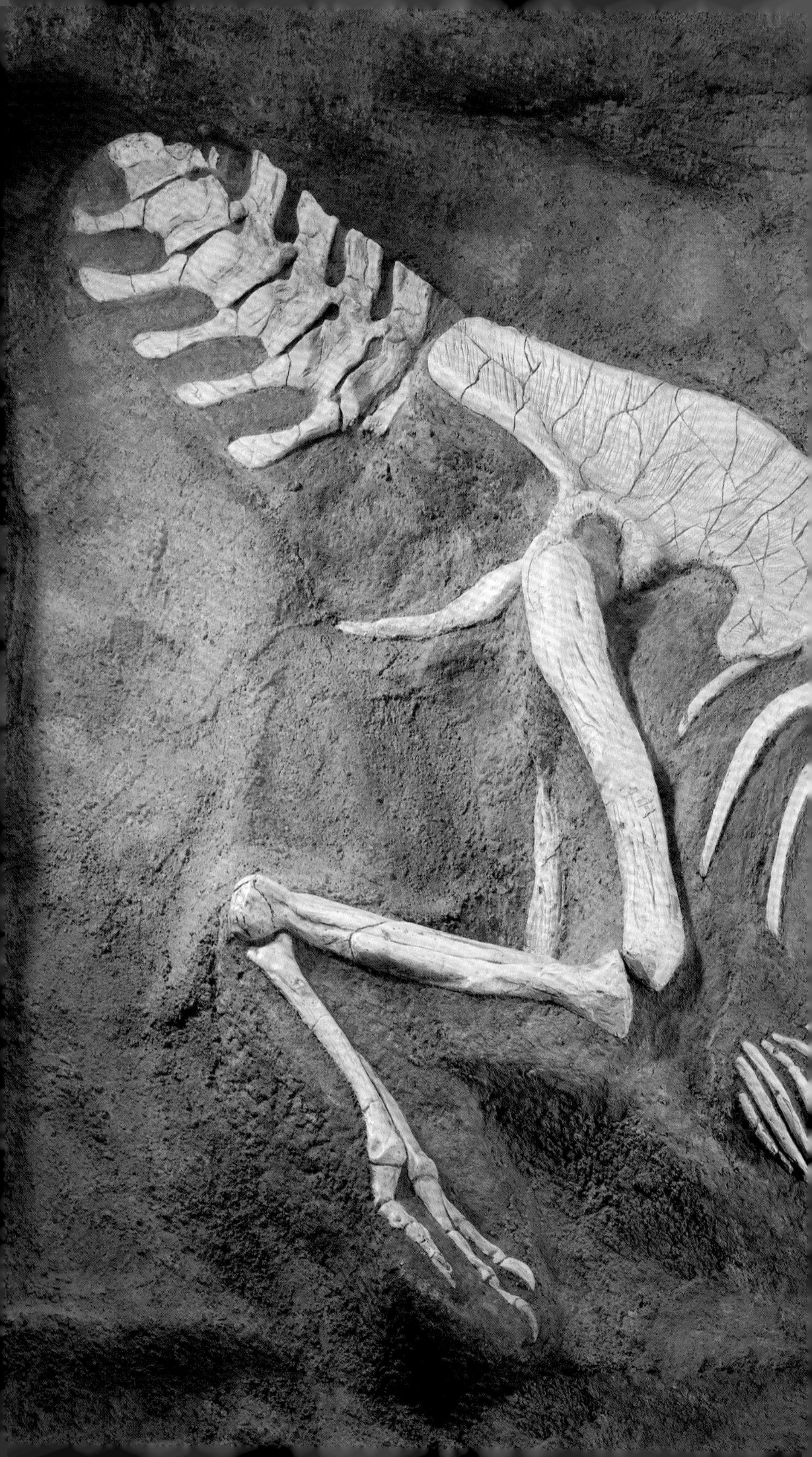

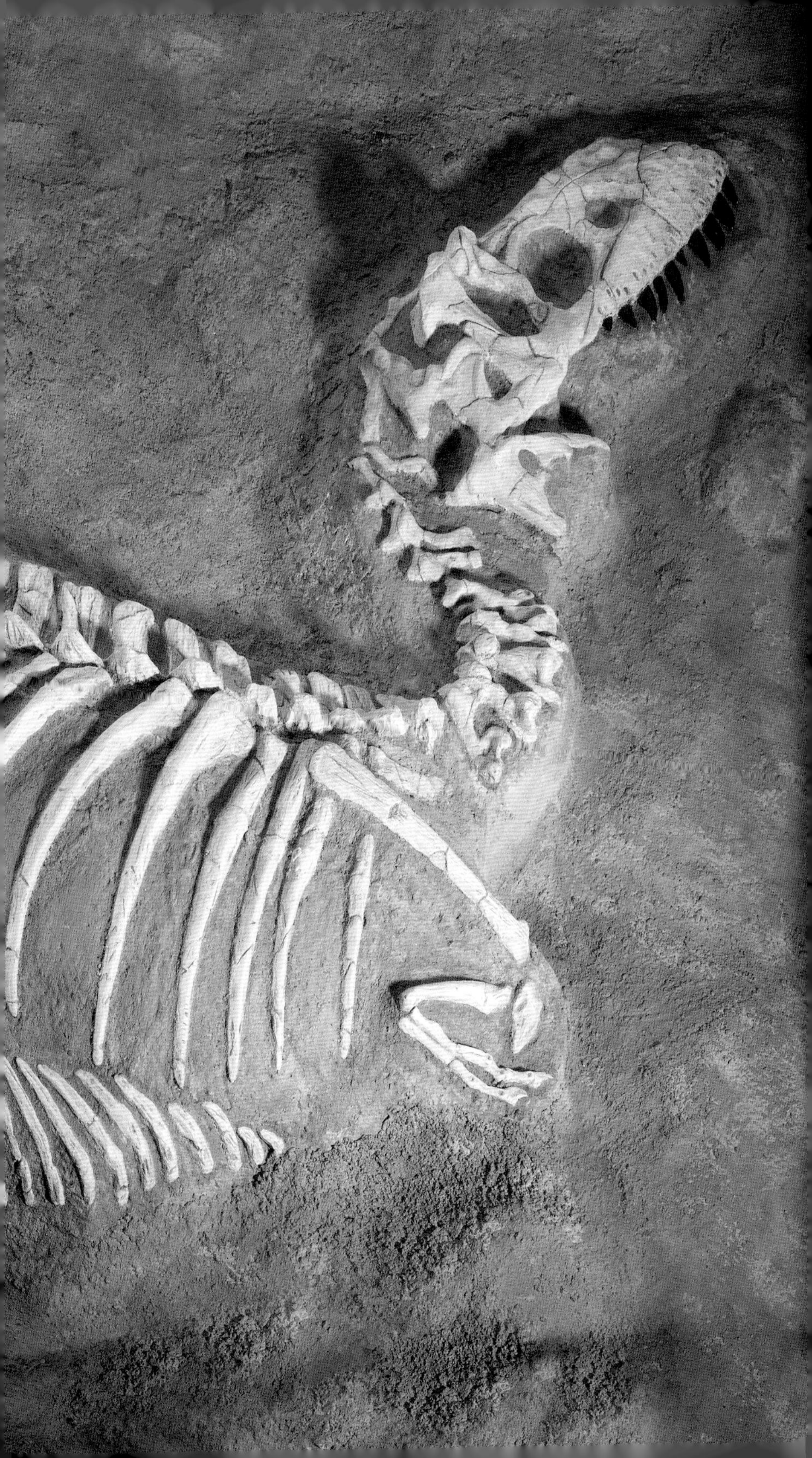

上图 萨氏食肉牛龙，发掘于阿根廷晚白垩世地层。树脂模型，7.20米×1.80米×2.50米。巴黎，MNHN。这是根据阿根廷的原始化石制作的第二具模型。出于方便科学研究的目的，原始化石并未安装陈列。

对页图 何塞·波拿巴与食肉牛龙的合影照片。美国摄影师路易·皮斯霍斯（Louie Psihoyos，1957— ）拍摄。

第196—197页图 萨氏食肉牛龙的头骨近景图片。

“穿过薄雾，君王暴龙的身影从几十米外缓缓走来……它身长差不多有十米，站起来比周围的树梢还要高。这个巨大的邪恶之神，将它的两只短小的前肢紧贴在肮脏油腻的胸前。它如雕塑般的巨大头部可能有一吨重，但是它却能俯仰自如。它张开嘴，露出两排匕首一样的利齿，比鸵鸟蛋还大的眼睛里只透露出饥饿的信号。紧接着，它合上牙齿，露出了死神的微笑。”

《声如雷鸣》(*A Sound of Thunder*)，节选自美国科幻作家雷·布莱伯利（Ray Bradbury）的代表作《火星纪事》(*The Martian Chronicles*)，1952年出版。

第198—199页图 萨氏食肉牛龙是古生物学馆中第一具兽脚类恐龙，其复原标本符合解剖学结构的动态姿势。巴黎，MNHN。

对页图 《地球的牙齿》(*Les Dents de la Terre*)一书中的插图，圆珠笔画，数码上色。由本书作者克莉丝汀·阿尔戈（Christine Argot）和吕克·维韦斯（Luc Vivès）著，2017年出版。

在博物馆中追寻恐龙的足迹

20世纪50年代，法国古生物学家勒内·拉沃卡带领科考团队在摩洛哥进行发掘，并在1954年发掘出了第一具雷巴齐斯龙（*Rebbachisaurus garasbae*）骨骼化石，不过化石较为残缺。雷巴齐斯龙属于蜥脚类恐龙。2015年，雷巴齐斯龙被重新进行了描述。在摩洛哥中部的大阿特拉斯山脉还出土了其他一些恐龙化石，如古生物学家罗南·阿兰（Ronan Allain）和同事在1999年描述了亚特拉斯龙（*Atlasaurus imelakei*），2004年发现了目前已知的最古老的蜥脚类恐龙——邹达龙（*Tazoudasaurus naimi*），2007年发掘出土了兽脚类的阿贝力龙科中最古老的柏柏尔龙（*Berberosaurus liassicus*）。古生物学馆中的食肉牛龙就属于阿贝力龙科家族。

地处非洲大陆最南端，国土完全位于南非内部的莱索托是很多科考发掘的终点站。1955年，弗朗索瓦·艾伦伯格（François Ellenberger，1915—2000）和保罗·艾伦伯格（Paul Ellenberger，1919—2016）兄弟首次在莱索托进行发掘。几十年来，法国国家自然博物馆在莱索托的发掘一直在进行：伦纳德·金兹堡（Léonard Ginsburg，1927—2009）分别在1959年、1963年和1970年3次代表法国国家自然博物馆前往莱索托进行发掘。从1970年到2013年间的发掘项目一直是由伯纳德·巴泰尔（Bernard Battail）负责。近年来的几次项目，如2008、2009和2013年的发掘则都是由罗南·阿兰组织开展的。这一系列的发掘工作出土了大量连接完整的原蜥蜴类骨骼化石，为学者们开展相关的科研创造了良好的条件，如克莱尔·佩尔·法布雷格斯（Claire Peyre de Fabrègues）据此开展了研究，并在2016年获得博士学位。

在法国古生物学家阿尔伯特-菲利克斯·德·拉帕朗

对页图 一截原龙（*Protorosaurus*）脊椎骨的复制过程。图中分别是脊椎骨原始化石、模具和其中的灌注模型。巴黎，MNHN。
第204—205页图 秀颌龙（*Compsognathus longiceps*）化石，发掘于法国瓦尔省坎茹尔（Canjuers）地区的晚侏罗世地层（约1亿4700万年前），其中富积了大量化石。在其沉积岩中发现的原始骨骼化石，约1.40米×0.73米。巴黎，MNHN。其属名*Compsognathus*的意思是“优美的颌部”。这只小恐龙体长仅1.4米，重约3.5千克，其所处的地层为法国产出了品种繁多、数量巨大的化石，这些化石在古生物学馆中随处可见。

下图《人类被创造之前的世界》一书中的插图，图中出现的几种恐龙分别是禽龙、蛇颈龙和翼手龙（*Pterodactyl*）。

对页图 棘龙科的拉氏脊饰龙（*Cristatusaurus lapparenti*）的一节爪化石。拉氏脊饰龙的生存时间为约1亿2000万年前的早白垩世。原始化石，发掘于尼日尔的加多法乌地层，17厘米×22厘米×6厘米。巴黎，MNHN。

（Albert-Félix de Lapparent，1905—1975）所做的艰苦的开创性工作基础上，菲利普·塔凯在尼日尔的泰内雷沙漠中找到了化石沉积丰富的加多法乌（Gadoufaoua）地层。从1965到1972这几年间，塔凯从加多法乌沉积层中发掘出了大量化石，其中比较有代表性的有帝王鳄（*Sarcosuchus*，一种鳄鱼）、沉龙（*Lurdusaurus*，禽龙类恐龙）、豪勇龙（*Ouranosaurus*，禽龙类恐龙）、尼日尔龙（*Nigersaurus*，蜥脚类恐龙）和脊饰龙（*Cristatusaurus*，棘龙科恐龙）等。为了向拉帕朗致敬，该脊饰龙的种名被定为拉氏（*Lapparenti*）。拉帕朗是一名神职人员，同时也是法国巴黎天主教大学的古生物学和地质学教授，从1938年到他去世为止，他一直在世界各地搜寻化石，足迹遍布欧洲、亚洲、非洲、北美，甚至远到靠近北极的斯匹次卑尔根岛。他在非洲的撒哈拉大沙漠中参与过好几次恐龙化石发掘项目，还为法国牵头组织了一次在阿富汗的地质考察。

目光转向东方，塔凯参与了自1991年起在老挝进行的一个发掘项目，2007年时罗南·阿兰等人相继加入。该项发掘中，古生物学家们发现并描述了蜥脚类的怪味龙（*Tangvayosaurus hoffetti*，1999年）和棘龙科的老挝鱼猎龙（*Ichthyovenator laosensis*，2012年），此外还发现了很多其他动物的化石，包括一些乌龟和一条鱼。

上图 三角龙头骨发掘现场图。巴黎，MNHN。

对页图 一张发掘现场图，具体细节不详。巴黎，MNHN。

"这些是外表有些像蜥蜴的鱼龙，它们长着鲸类特有的桨状四肢，脊椎和鱼类相似，看起来非常凶猛。那些斑龙一样令人生畏，它们的体形像鲸一样巨大，从它们残留在岩石中的骨骼来看，足有20多米长。还有这边的翼手龙，它们像是长着翅膀的蜥蜴，看到它们不由得让人想起千百年来流传在神话传说里和雕刻在各种石柱墙壁上的飞龙。"

《史前生物学简介》[1]，菲利克斯·阿基米德·普歇（Félix Archimède Pouchet）著，1834年出版。

对页图 正在制作过程中的老挝鱼猎龙脊柱化石复原模型。约1亿2000万年前的早白垩世，2.80米×0.72米。巴黎，MNHN。2012年，这具化石由包括罗南·阿兰、莫内特·维朗（Monette Véran）和菲利普·里克尔（Philippe Richir）在内的法国和老挝古生物学家共同发掘。这种"鱼类杀手"的背上长着一种很特别的由神经棘形成的弧形"背帆"，位于骨盆和尾部上方。

第212—213页图 真实的恐龙蛋化石，年代为白垩纪，发掘于蒙古、法国等地。

---

① 法文书名*Introduction à la zoologie antédiluvienne*。

“当你读到居维叶书中的各种地质年代时，你有没有被深邃浩瀚的时空所震撼？跟随着他的幻想，你有没有感觉自己像是被施了魔法，陷入了永无尽头的历史深渊？”

节选自《驴皮记》[1]，奥诺雷·德·巴尔扎克（Honoré de Balzac）著，1831年出版。

对页图 鳄鱼骨骼化石素描图，出自巴黎《法国国家自然博物馆年鉴》[2]1808年第12卷第10幅，乔治·居维叶绘制。

---

①法文书名*La Peau de chagrin*。

②法文书名*Annales du Muséum National d'Histoire Naturelle*。

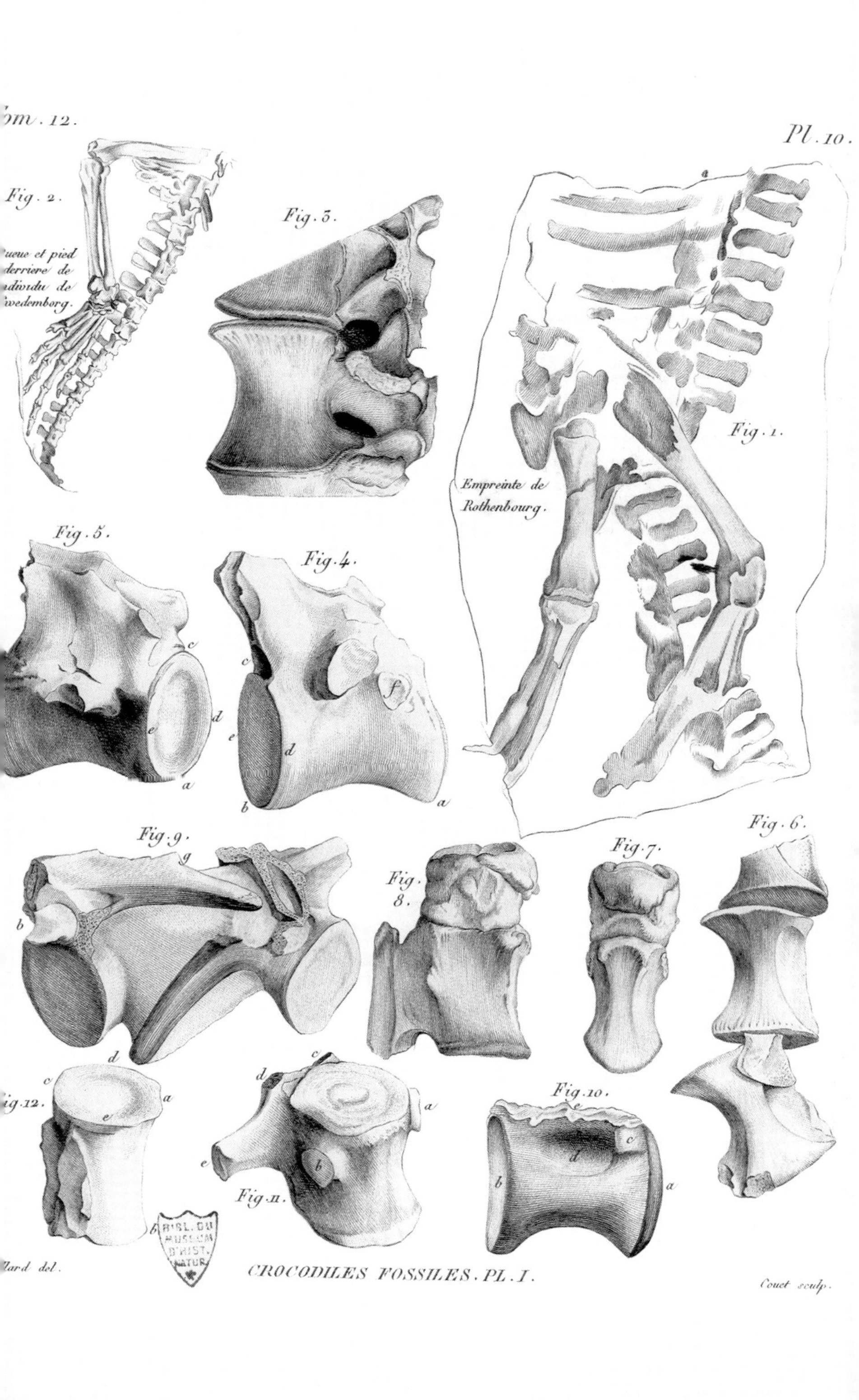

Tom. 12.
Pl. 10.
Fig. 1.
Empreinte de Rothenbourg.
Fig. 2.
Fig. 3.
Fig. 4.
Fig. 5.
Fig. 6.
Fig. 7.
Fig. 8.
Fig. 9.
Fig. 10.
Fig. 11.
Fig. 12.
CROCODILES FOSSILES. PL. I.
Couet sculp.

COELENTÉRÉS
ANTHOZOAIRES
HYDROZOAIRES
EUECHINOIDES
Asie
ECHINODERMES

参考书目

BALZAC, Honoré de. *La Peau de chagrin*, Paris, Gosselin et Urbain Canel, 1831.
BOITARD, Pierre. *Paris avant les hommes*. Paris: Passard libraire-éditeur, 1836.
BOUILHET, Louis. "Les Fossiles" in *Poésies, festons et astragales*. Paris: A. Lemerre, 1859.
BRADBURY, Ray. "A Sound of Thunder" in *The Martian Chronicles*. New York: Doubleday, 1950.
BROUGH, John Cargill. *Fairy Tales of Science: A Book for Youth*. London: Griffith & Farran, 1859.
BURROUGHS, Edgar Rice. *The Land that Time Forgot*. Chicago: A. C. McClurg, 1924.
CRICHTON, Michael. *Jurassic Park*. New York: Alfred A. Knopf, 1990.
DICKENS, Charles, *Bleak House*, London: Bradbury and Evans, 1853.
DOYLE, Arthur Conan. *The Lost World*, London: Hodder & Stoughton, 1912.
FARGUE, Léon-Paul. *Le Piéton de Paris*. Paris: Gallimard, 1939.
FIGUIER, Louis, *La Terre avant le Déluge*, Paris: Hachette, 1862.
FLAMMARION, Camille. *Le Monde avant la création de l'homme: origines de la terre, origines de la vie, origines de l'humanité*, Paris: C. Marpon and E. Flammarion, 1886.
GOULD, Stephen Jay. *The Lying Stones of Marrakech*. New York: Random House, 2000.
HAWKINS, Thomas. *Book of Great Sea Dragons, Ichthyosauri and Plesiosauri*. London: William Pickering, 1840.
HUTCHINSON, Henry Neville. *Extinct Monsters and Creatures of Other Days: a popular account of some of the larger forms of ancient animal life*. London: Chapman & Hall Ltd., 1911.
LERMINA, Jules. *L'Effrayante Aventure*, Paris: Tallandier, 1910.
MILLE, James de. *A Strange Manuscript Found in a Copper Cylinder*, New York: Harper & Brothers, 1888.
MILTON, John. *Paradise Lost*, London: Cassel, Petter and Galpin, 1866.
OWEN, Richard. "On British Fossil Reptiles" *in Report of the Eleventh Meeting of the British Association for the Advancement of Science*, 1842.
POUCHET, Félix. *Introduction à la zoologie antédiluvienne*, Rouen: F. Marie, 1834.
QUINET, Edgar. *La Création*, Paris: Librairie internationale, 1870.
SAINTINE, Xavier. *La Mythologie du Rhin et les contes de la mère-grand*, Paris: Hachette, 1862.
SAND, George. *Laura, voyage dans le cristal*, Paris, Calmann Lévy, 1865.
TAQUET, Philippe, *Empreinte des dinosaures*, Paris, Odile Jacob, 1994..
UNGER, Franz von. *Ideal Views of the Primitive World in its Geological and Palaontological Phases*, London: Taylor and Francis, 1851.
VERNE, Jules. *Voyage au centre de la Terre*, Paris, Hetzel, 1864.

对页图 古生物学馆中的高德里图书室内的家具细节图片。巴黎，MNHN。

照片版权

除以下页面中的照片外，本书其他照片均由埃里克·桑德尔（Eric Sander）拍摄：

Slipcase: © 210, American Museum of Natural History, Library; 1: © Christine Argot and Luc Vivès; 2–3: © Alain Bénéteau/www.paleospot.com; 4–5: © Halstead, J./Natural History Museum, London, UK/Bridgeman Images; 6: © Hein Nouwens/shutterstock.com; 8: © Marzufello/shutterstock.com; 9: © Private collection/Bridgeman Images; 11: © Othniel C. Marsh; 15: All Rights Reserved; 16–17: © Oxford University Museum of Natural History, UK/Bridgeman Images; 20–21: All Rights Reserved; 22: © Christine Argot and Luc Vivès; 24: © Richard D. Olson Collection, The Ohio State University, Billy Ireland Cartoon Library & Museum; 25: © Look and Learn; 26–27: © Matthew Pillsbury, 2007; 30: © Christine Argot and Luc Vivès; 31: © John van Voorst, 1879; 32: © Othniel C. Marsh; 33: © Muséum national d'histoire naturelle; 38: © Morphart Creation/shutterstock.com; 39t: © Biodiversity Heritage Library/digitized by Smithsonian Libraries; 39b: © Library of Congress; 40–41: © www.zdenekburian.com; 42–43: © 3883, American Museum of Natural History, Library; 44–45: © 327667, American Museum of Natural History, Library; 46: © Othniel C. Marsh; 47: © Akg-images/Sputnik; 48–49: © Jurassic Park, The Lost World, 1997/Bridgeman Images; 48–49: Morphart creation/shutterstock.com; 50: © John Paxton; 51: © Akg-images/WHA/World History Archive; 52–53: © Science Photo Library/Akg-images; 54–55: © Universal History Archive/UIG/Bridgeman Images; 56: © Science Photo Library/Akg-images; 57: © Muséum national d'histoire naturelle; 60: © Othniel C. Marsh; 61: © Muséum national d'histoire naturelle; 62t: © Morphart Creation/shutterstock.com; 62b: © 100209950, American Museum of Natural History, Library; 66: © Morphart Creation/shutterstock.com; 67: © Rue des archives/Everett; 68: © Othniel C. Marsh; 69: © Muséum national d'histoire naturelle; 70–71: © www.zdenekburian.com; 72: © Carnegie Museum of Natural History; 73: © Library of Congress; 74–75: © 1994 Mark Hallett; 80: © D. Bogdanov; 81–83: © Muséum national d'histoire naturelle; 84: © Morphart Creation/shutterstock.com; 85: © Bibliothèque nationale de France; 86–87: All Rights Reserved; 88: © Othniel C. Marsh; 89: © Muséum national d'histoire naturelle; 90: © 2421, American Museum of Natural History, Library; 92–94: © Muséum national d'histoire naturelle; 95: All Rights Reserved; 96–97: © Muséum national d'Histoire naturelle; 98: © Christine Argot and Luc Vivès; 100: © Adagp, Paris, 2018; 101: © Steveoc 86; 106–107: © 202, American Museum of Natural History Library; 111: © Muséum national d'histoire naturelle; 112: © A. Balystky; 113: With the acknowledgement of the Frank R. Paul Estate; 114–115: © 210, American Museum of Natural History Library; 117: Biodiversity Heritage Library/Princeton University; 118–119: © 2012 Richard Milner, colorized by Viktor Deak; 120: © Othniel C. Marsh; © Muséum national d'histoire naturelle; 123: © Othniel C. Marsh; 125: LAND THAT TIME FORGOT™ and EDGAR RICE BURROUGHS® Owned by Edgar Rice Burroughs, Inc. And Used by Permission. Cover Art © Edgar Rice Burroughs, Inc. All Rights Reserved; 126–127: © Ref: E-295-q-107. Alexander Turnbull Library, Wellington, New Zealand/records/22816923; 128: All right reserved; 132–133: © Library of Congress; 134: © A. Balytsky; 136–137: © Muséum national d'histoire naturelle; 138–139: © All Rights Reserved; 140–141: © www.zdenekburian.com; 142–143: © Anonymous/SES de Padirac; 144: Biodiversity Heritage Library/digitized by Smithsonian Libraries; 145: © Royal Belgian Institute of Natural Sciences; 146–147: © Muséum national d'histoire naturelle; 149: © Christine Argot and Luc Vivès; 150: © T. Patker; 152–153: © NHM Images; 156–157: © www.zdenekburian.com; 158: © Biodiversity Heritage Library/Smithsonian Libraries; 159: Biodiversity Heritage Library/Princeton University; 160–161: © American Museum of Natural History Library/2419; 162: © Mart/shutterstock.com; 163–165: © www.zdenekburian.com; 166: © Christine Argot and Luc Vivès; 167: © All right reserved; 169: © Othniel C. Marsh; 172–173: Private collection/© Look and Learn/Bridgeman Images; 177: © Steveoc 86; 180: © NHM Images; 182–183: © Naturalis Biodiversity Center/Marten van Dijl; 186: © Hein Nouwens/shutterstock.com; 188–189: © Granger/Bridgeman Images; 189: Morphart creation/ shutterstock.com; 190–191: © 3150, American Museum of Natural History Library; 195: © Louie Psihoyos; 200–201: © Luc Vivès and Christine Argot; 202: © Othniel C. Marsh; 208–209: © Muséum national d'histoire naturelle; 210: © Luc Vivès and Christine Argot; 211: © Muséum national d'histoire naturelle; 214: © Luc Vivès and Christine Argot; 215: © Muséum national d'histoire naturelle; 224: © Bibliothèque nationale de France.

Every effort has been made to identify photographers and copyright holders of the images reproduced in this book. Any errors or omissions referred to the Publisher will be corrected in subsequent printings.

对页图《阿黛拉的非凡冒险》故事图片。阿黛拉是法国漫画家雅克·塔蒂（Jacques Tardi）笔下的系列神秘故事的主人公，在雅克1976年发表的《阿黛拉与野兽》[1]中首次出现。该书中，巴黎的法国国家自然博物馆的一只恐龙蛋中孵出了一只翼手龙，阿黛拉的第一次冒险也由此开始。

①法文书名*Adèle et la Bête*。

致谢

本书作者对露西尔·德穆兰（Lucile Desmoulins）和苏桑·蒂斯-伊索雷（Suzanne Tise-Isoré）在本书出版过程中给予的帮助和支持表示感谢，同时感谢罗南·阿兰对书稿的精心校对，菲利普·塔凯为本书撰写前言，以及马克·哈利特（Mark Hallett）对本书的慷慨贡献。作者向Style & Design公司的所有工作人员致以谢意，感谢他们的高效作业，也要感谢弗洛朗斯·拉巴莱特（Florence Labalette）在古生物学馆中组织拍摄的照片。最后，我们还要感谢博物馆萃取铸造车间的技术团队同意拍摄照片，并感谢图书馆管理部门对馆藏档案进行的数字化处理。

内文底图列表

1: L. Vivès and C. Argot, *Unenlagia*, 2014; 4–5: J. Halstead, *Diplodocus* and *Deinonychus*, undated; 6: H. Nouwens, *Hypaene thebaica*, undated; 8: Marzufello, Engraved waves, undated; 11: O. C. Marsh, *Hesperornis regalis*, 1877; 22: C. Argot and L. Vivès, *Tsintaosaurus* skull, 2014; 28: Detail of the art nouveau structure in the Paleontology Gallery (MNHN); 30: L. Vivès and C. Argot, *Ipsilophodon* skull, 2014; 32: O. C. Marsh, *Stegosaurus*, 1891; 38: Morphart Creation, Fern, undated; 46: O. C. Marsh, *Stegosaurus* skull, 1887; 48–49: Morphart Creation, reproduction of a Cretaceous landscape, undated; 50: J. Paxton, plan of Crystal Palace, 1851; 60: O. C. Marsh, metacarpal bone of *Diplodocus Longus*, 1896; 62: Morphart Creation, *Archaeopteryx*, undated; 66: Morphart Creation, Fern, undated; 68: O. C. Marsh, *Diplodocus*, 1883; 80: D. Bogdanov, *Diplodocus longus*, 2008; 84: Morphart Creation, Reed, undated; 88: O. C. Marsh, scapula of *Apatosaurus*, 1884; 98: L. Vivès and C. Argot, *Diplodocus* skull, 2014; 101: Steveoc, *Allosaurus*, according to a hypothesis by Robert Bakker, 2007; 112: A. Balytskyi, *Monstera leaf*, undated; 116: Mart, Palm tree, undated; 120: O. C. Marsh, *Claosaurus* skull, 1893; 123: O. C. Marsh, *Iguanodon*, 1893; 134: A. Balytskyi, Fern leaf, undated; 149: L. Vivès and C. Argot, *Iguanodon* skull, 2014; 150: T. Patker, *Triceratops horridus*, 2014; 162: Morphart Creation, Palm tree, undated; 166: L. Vivès and C. Argot, *Unenlagia* skull, 2014; 169: O. C. Marsh, *Ceratosaurus nasicornis* skull, 1884; 177: Steveoc, *Carnotaurus*, 2000, 186: H. Nouwens, Ammonites, undated; 189: Morphart Creation, reproduction of a Cretaceous landscape, undated; 201: L. Vivès and C. Argot, *Albertosaurus*, 2014; 202: O. C. Marsh, *Dinoceras mirabile*, 1881; 210: L. Vivès and C. Argot, *Ceratosaurus* skull, 2014; 214: L. Vivès and C. Argot, *Albertosaurus* skull, 2014.

对页图 根据卡米耶·弗拉马利翁书中的恐龙形象用纸浆雕塑的模型，私人收藏。

第222—223页图 大厅内部露台处的家具细节（部分）。巴黎，MNHN。

第224页图《古怪的动物》（*Les Animaux excentriques*），亨利·库宾（Henri Coupin，1868—1937），1903年。有些画家喜欢给禽龙背部画上尖刺，这一做法源于1884年A.托宾（A. Tobin）所画的一幅剑龙复原图。

图书在版编目(CIP)数据

恐龙:失落王国之旅/(法)克莉丝汀·阿尔戈,(法)吕克·维韦斯著;(法)埃里克·桑德尔摄影;朱天乐译.--武汉:华中科技大学出版社,2020.11
(至美一日)
ISBN 978-7-5680-6157-5

Ⅰ.①恐… Ⅱ.①克… ②吕… ③埃… ④朱… Ⅲ.①恐龙—普及读物 Ⅳ.① Q915.864-49

中国版本图书馆 CIP 数据核字 (2020) 第 089436 号

Authors: Christine Argot, Luc Vivès
Photographer: Eric Sander
Title : *Un Jour avec les dinosaures*
First Published by Flammarion, Paris

Executive Director: Suzanne Tise-Isoré
Style & Design Collection
Editorial Coordination: Gwendoline Blanchard
Graphic Design: Bernard Lagacé et Lysandre Le Cléac'h
Head of General Publishing for the Muséum National D'histoire Naturelle: Lucile Desmoulins

恐龙：失落王国之旅

Konglong: Shiluo Wangguo zhi Lü

[法] 克莉丝汀·阿尔戈　[法] 吕克·维韦斯　著
[法] 埃里克·桑德尔　摄影　　朱天乐　译

出版发行：华中科技大学出版社(中国·武汉)　　电话：(027) 81321913
北京有书至美文化传媒有限公司　　(010) 67326910-6023
出 版 人：阮海洪

责任编辑：莽　昱　杨梦楚　　封面设计：唐　棣
责任监印：徐　露　郑红红

制　　作：邱　宏
印　　刷：中华商务联合印刷(广东)有限公司
开　　本：930mm × 1194mm　1/32
印　　张：7
字　　数：35千字
版　　次：2020年11月第1版第1次印刷
印　　数：1–5,000
定　　价：168.00元